평범해서
특별한
밥상

평범해서 특별한 밥상

1판 2쇄 발행 2018년 11월 10일

지은이 이밥차 요리연구소
펴낸이 김선숙, 이돈희
펴낸곳 그리고책(주식회사 이밥차)

주소 03720 서울특별시 서대문구 연희로 192 2층(연희동 76-22, 이밥차 빌딩)
대표전화 02-717-5486~7 **팩스** 02-717-5427
이메일 editor@andbooks.co.kr
홈페이지 www.andbooks.co.kr
출판등록 2003년 4월 4일 제10-2621호

본부장 이정순
편집 책임 박은식
편집 진행 심형희, 양승은, 홍상현
마케팅 남유진, 장지선
경영지원 문석현
교열 김혜정

표지 디자인 박미혜
본문 디자인 공간42 이용석

ISBN 978-89-97686-99-5 13590

평범해서 특별한 밥상

이밥차 요리연구소 지음

그리고책
andbooks

prologue

줄서서 먹는 맛집의 별미도 좋지만
먹고 나면 '잘 먹었다' 뿌듯해지는 건
뭐니 뭐니 해도 집밥 아닐까요?

스마트폰 세상 안을 들여다보면
먹어야할 가보아야 할 맛집, 참 많잖아요.
하지만 막상 가보면 생각보다 짜서, 달아서, 양이 적어서, 너무 많아서
혹은 너무 비싸서 허탈하게 돌아온 경험 다들 있을 거예요.
그럴 때 가장 생각나는 건 역시 '집밥'이죠.

고슬고슬 잘 지은 따뜻한 밥,
속을 후끈하게 만드는 국,
신선한 재료에 내 입맛에 딱 맞는 양념을 넣어 만든 갖가지 반찬과 먹거리들로
한상 푸짐하게 차려내면 보기만 해도 뿌듯해져요.

국물 한입 떠먹고, 숟가락에 밥을 소복하게 담아 그 위에 반찬을 스윽.
새로울 것 없이 너무나 평범하지만,
이 평범함이 주는 행복이 얼마나 큰지 몰라요.

이밥차 요리연구소의 '평범해서 특별한 밥상'은
사소하지만 놓칠 수 없는 평범한 집밥의 행복을 여러분께 선물합니다.
하나하나 살펴보면, 달라 보일 것 없는 평범한 메뉴들이지만
그 맛만큼은 정말 특별해요.

이 특별한 맛,
요리책 진짜 잘 만드는 이밥차 요리연구소의 노하우를
담아 이 한 권에 모두 소개해요.
마트에 들러 손쉽게 구할 수 있는 재료로,
초보자도 쉽게 만들 수 있는 간단한 과정으로,
무릎을 탁 치게 만드는 호불호 없는 맛으로,
'평범해서 특별한 밥상'과 함께
여러분의 평범한 식탁을 조금 더 특별하게 만들어보세요.

이밥차 요리연구소

Contents

PART 1

집밥의 기본

공을 조금만 더 들이면
매일 먹는 밥일지라도 특별하게 느껴진답니다.
윤기 자르르 흐르는 밥 짓는 비법부터
기막힌 황금비율의 절대 양념공식,
진한 국물 맛의 기본 육수 5종 우리는 법까지 모두 소개해요.
보기 좋은 음식이 먹기도 좋다!
맛깔나게 만든 집밥을 느낌 있게, 예쁘게 담는 노하우도 공개합니다.

밥맛 업그레이드하는 **밥 짓는 비법**

한국인의 밥상에서 제일 중요한 것을 꼽으라면 '밥'이라 해도 과언이 아니죠.
가끔 먹는 보양식보단 매일 먹는 밥인 만큼 더 맛있게 더 신경 써서 짓고 싶잖아요.
만만하게 생각했던 밥도 쌀의 상태에 따라, 어떻게 짓느냐에 따라 맛이 조금씩 달라진답니다.
명품 햅쌀이 아니어도, 어제 도정한 쌀이 아니더라도 괜찮아요.
단계별로 차지고 윤기 자르르한 밥 짓는 노하우를 따라만 해보세요.

STEP 1

쌀의 상태를 먼저 체크해요.

- ☑ 수분이 많은 **햅쌀**은 평소보다 물 양을 약간 적게 잡아주세요.
- ☑ **묵은쌀**은 찰기가 부족하니 쌀의 수분을 그대로 유지해주는 압력밥솥에 짓는 것이 좋아요.
- ☑ 햅쌀과 묵은쌀을 섞어 보관하면 햅쌀까지 맛이 떨어지니 밥을 지을 때 섞더라도 **보관은 따로** 하세요.

STEP 2

쌀 씻기에도 정도가 있어요.

- ☑ 마른 쌀에 처음 붓는 물은 쌀이 재빨리 흡수하기 때문에 되도록이면 수돗물 대신 생수를 사용하는 것이 좋아요.
- ☑ 쌀에 묻어 있던 먼지나 잡내가 흡수되지 않도록 처음 부었던 물은 최대한 빨리 버리는 것이 좋아요.
- ☑ 쌀은 너무 많이 씻어도 문제, 너무 안 씻어도 문제예요. 많이 씻으면 영양분이 모두 씻겨 나가고, 부족하게 씻으면 밥에서 잡내가 나기 때문인데요. 부드럽게 문지르되 최대한 빨리 씻고 물이 맑아진다 싶을 때 멈추세요.
- ☑ 나들이용 주먹밥이나 김밥을 쌀 때는 평소보다 쌀을 더 꼼꼼히 씻으세요.
  쌀의 전분을 완전히 뺀 뒤 밥을 지어야 뭉쳤을 때 떡지지 않고 꼬들꼬들한 밥이 된답니다.

STEP 3

본격 밥 짓기

- ☑ **압력밥솥은 쌀과 동량**의 물을 넣고, **냄비와 전기밥솥**은 불리지 않은 쌀을 기준으로 **쌀의 1.2배의 물**을 넣어요.
  1.2배는 물을 넣고 쌀 위에 손을 얹었을 때 손등까지 물이 올라오는 정도예요.
- ☑ 밥솥에서 취사가 끝나거나 냄비에서 뜸들이기까지 완료해도 밥짓기는 끝나지 않았다는 사실!
  뚜껑을 연 뒤 전체적으로 위, 아래를 뒤집듯 크게 섞고 밥알을 풀어주듯 섞어야 남은 증기가 빠져나가 질어지지 않아요.

더 맛있게 **밥 짓는 Q & A**

밥을 짓다보면 문득 드는 궁금증.
검색을 해봐도 확실한 답변을 찾기가 어려우셨죠?
그래서 준비했답니다. 밥 맛있게 짓는 질문에 관한 질문들을 만나보세요.

Q1. 쌀과 잡곡! 종류에 따라 불리는 시간 좀 정확히 알려주세요.

A. 쌀과 잡곡의 종류에 따라 불리는 시간은 조금씩 달라요. 뿐만 아니라, 여름과 겨울 등 계절에 따라도 조금씩 차이가 있답니다. 잡곡밥에 가장 많이 넣는 종류별 잡곡의 불리는 시간을 알려드릴게요.

백미: 30분(여름), 1시간(겨울)
찹쌀, 옥수수, 흑미: 1~2시간(여름), 2~3시간(겨울)
말린 콩: 3~4시간
현미: 5시간(여름), 8~10시간(겨울)
팥, 율무, 녹두: 미리 삶은 뒤 밥 짓기

Q2. 밥을 너무 많이 지어버렸어요. 밥솥에 오래 두면 색이 변하는데, 어쩌면 좋죠?

A. 갓 지은 밥은 김이 빠져나가기 전에 즉시 냉동해 냉동밥을 만드세요. 1인분씩 소분해 비닐백에 담아 납작하게 펼쳐 냉동하세요. 그래야 빠르게 냉동되어 맛이 한결같아요. 먹기 직전에 꺼내 전자레인지에 2분 정도 돌리면 방금 한 밥처럼 구수한 냄새가 풍기는 밥을 먹을 수 있어요.

Q3. 쌀에서 자꾸 쌀벌레가 생겨요. 쌀 제대로 보관하는 법 궁금해요.

A. 쌀이 공기에 노출되면 수분이 증발되거나 곰팡이가 생길 수 있어요. 공기를 차단해주는 것이 쌀을 제대로, 잘 보관하는 노하우 중 하나랍니다. 주변에서 구할 수 있는 가장 좋은 보관 용기는 페트병인데요. 사용하고 난 페트병을 잘 닦아 말린 뒤 쌀을 넣어 냉장고 보관하면 쌀벌레나 곰팡이가 생기지 않아요. 냉장고보단 자주 여닫지 않는 김치냉장고가 최적의 공간! 실온에 보관한다면 불투명한 밀폐용기나 장독대 등에 넣고 서늘하고 건조한 곳에 보관해두세요. 쌀통에 마른 고추를 3~4개 정도 넣어두고 2개월에 한 번씩 고추를 바꾸면 쌀벌레가 생기는 일이 훨씬 줄어들 거예요.

Q4. 자취생이라 외식이나 배달음식이 잦아서 집에서 보내주신 쌀을 묵혀뒀는데요. 묵은쌀을 햅쌀처럼 맛있게 먹는 비법 있을까요?

A. 물에 식초를 약간 섞어 묵은쌀을 씻으면 잡내가 제거돼요. 밥물에 식용유를 약간 넣으면 묵은쌀에 부족한 수분과 찰기를 더할 수 있답니다. 찹쌀을 약간 섞는 것도 묵은쌀을 차지게 먹는 비결!

Q5. 양은냄비나 무쇠냄비에 밥을 해먹는 경우가 더러 있어요. 완벽한 냄비 밥 짓는 노하우! 알려주세요. 종류에 따라 불리는 시간 좀 정확히 알려주세요.

A. 냄비밥을 완벽하게 완성하는 데에는 밥물 맞추기, 불 조절이 최대의 관건이에요. 쌀은 평소 하던 대로 2~3회 가볍게 비벼가며 헹군 뒤 30분간 불려주세요.
불린 쌀을 사용할 경우엔 쌀 1컵에 물 1컵으로 **1:1 비율**, 불리지 않은 쌀을 사용할 경우엔 쌀 1컵에 물 1.2컵으로 **1:1.2 비율**로 맞추면 돼요. 냄비에 물과 쌀을 담은 뒤 **처음엔 센 불에** 놓고, 끓어오르면 중간 불로(형광펜 강조) 줄여주세요. 밥에서 **타닥타닥 소리가 나기 시작하면 약한 불에서 5분간** 뜸을 들여 마무리하면 된답니다. 어렵지 않죠? 위 방법대로 차근차근 잘 따라만하면 냄비밥 짓기 100% 성공은 보장해요.

2 Cup
50ml

밥상을 책임지는 **기본양념**

한식의 간은 우리가 책임진다!
한국인의 밥상에 없어서는 안 되는 기본 양념들을 소개해요.

된장

된장은 콩을 발효해 만든 한국의 전통 발효식품이에요. 대두를 삶아 찧어서 네모지게 모양을 잡은 뒤 발효해 메주를 만들어요. 이 메주를 소금물에 숙성한 것이 바로 된장이랍니다.

된장은 크게 2가지 종류가 있는데요, 전통 방법으로 담근 재래식 된장과, 속성으로 담근 개량식 된장이 있어요. **재래식 된장**은 메주를 자연발효 하는 과정에서 생기는 바실러스균에 의해 된장 특유의 구수한 맛과 향이 생겨요. 잘 발효된 메주를 40~60일 정도 소금물에 담가 두면, 콩의 수용성 성분이 우러나오면서 물은 간장, 건더기는 된장이 된답니다. 개량식 된장과 달리 짭짤하고, 구수하며 특유의 쿰쿰한 냄새가 나는 것이 특징이에요. **개량식 된장**은 삶은 콩에 밀을 섞어서 곰팡이균의 일종인 코지균으로 발효시켜 만들기 때문에 숙성기간이 재래식 된장에 비해 짧고 단맛이 강한 것이 특징이에요. 두 가지 된장을 모두 구비해두고 요리에 따라 적절히 섞어서 사용해도 좋아요.

고추장

고추장은 된장, 간장과 함께 빼놓을 수 없는 우리 고유의 전통 발효 식품이에요. 고춧가루, 메줏가루, 찹쌀가루 또는 곡물가루, 소금을 섞어 만드는 것이 재래식 고추장이랍니다. 지역마다 사용하는 곡물가루는 다양하지만 일반적으로는 찹쌀가루를 많이 사용해요. 찹쌀가루를 반죽하여 찐 뒤 메줏가루와 섞고, 묽게 변하면 고춧가루와 소금을 넣어 숙성시켜요. 햇볕이 잘 들고, 바람이 잘 통하는 곳에서 한 달 정도 둔 뒤 사용해요. 된장보단 만드는 과정이 간단해 집에서 손수 만들어 먹기 좋답니다.

간장

간장은 메주를 소금물에 담근 뒤 메주를 걸러내고 남은 물을 끓여서 만든 것이에요. 한식에선 빠질 수 없는 음식의 간을 맞추는 기본양념이랍니다. 일반적으로 짠맛, 단맛, 감칠맛 등의 다양한 맛과 특유의 향을 지닌 것이 특징이에요. 간장은 크게 3가지 종류로 나눌 수 있어요. **재래식 간장**은 100% 콩으로만 만든 메주를 띄워 만들어서 색이 연하고 염도가 높아 조금만 넣어도 간이 잘 맞아요. 국이나 나물 요리에 주로 사용하면 좋답니다. **양조간장**은 대두나 지방을 뺀 탈지대두에 밀, 보리 등을 섞고, 누룩을 넣어 발효와 숙성 과정을 거쳐 만들어요. 보통 6개월~1년 정도 발효해서 색과 향이 깊고 풍부한 맛을 낸답니다. 가열하면 고유의 맛과 향이 날아가기 때문에 무침, 소스, 드레싱에 사용하면 좋아요. **진간장**은 주로 끓이거나 볶는 한식에서 가장 많이 사용해요. 양조간장에 산분해간장을 혼합해 만드는데, 발효 과정을 생략하고 화학적 방법으로 속성 제조된답니다.

간장 구입 TIP 간장 살 때는 딱 두 가지만 기억하세요. 양조간장 비율과 TN 지수! 둘 다 높을수록 좋답니다.

소금

가정에서 가장 많이 사용하는 소금의 종류는 2가지로 꽃소금과 천일염이 있어요. **꽃소금**은 천일염을 깨끗한 물에 녹인 뒤 불순물을 제거하고 가열하여 결정시킨 것이에요. 천일염보다 희고, 입자가 작아 모든 요리에 두루두루 쓰인답니다. **천일염**은 바닷물을 염전에서 바람과 햇빛으로 수분만 증발시켜 만든 소금이에요. 칼슘, 마그네슘, 아연 등 무기질과 수분이 많아 채소나 생선을 절일 때 주로 사용하며, 김치나 간장, 된장을 만들 때도 쓰인답니다. 근래는 죽염, 함초소금, 허브맛솔트와 감칠맛을 살리는 조미료 등 종류가 다양해 요리에 맞게 취향대로 골라 사용하면 돼요.

설탕

단맛을 내는 양념으로 모든 요리에 다양하게 쓰여요. 하지만 전 세계적으로 당 섭취를 제한하고 있어서 설탕만큼 혹은 설탕보다 더 단맛을 내며 칼로리가 낮은 대체 감미료들이 출시되고 있어요. 올리고당, 자일로스 설탕, 스테비아, 사카린 등이 대표적인 저칼로리 감미료랍니다. 하지만 식재료를 활용한 천연 감미료를 사용하거나 설탕의 양을 줄이는 게 제일 좋겠죠?

기막힌 황금비율 **절대 양념공식**

평범한 재료도 특별하나 맛을 내는 양념의 비밀!
기본양념 만들기 하나라도 제대로 알아두면 맛에 따라 또는 재료에 따라 활용할 수 있답니다.
실패 없이 양념 만드는 방법! 용도에 맞춰 숟가락으로 양념 비율만 잘 조절해주세요.

볶음 양념

물기 없는 재료에 적당량의 기름을 두르고 강한 불에서 조리하는 볶음 요리는 어느 재료든 볶기만 하면 완성되는 간편한 조리법이에요. 쇠고기에는 간장, 돼지고기에는 고추장, 해물에는 고추장과 고춧가루를 섞은 양념이 잘 어울려요.

쇠고기볶음

간장(굴소스) 1 : 설탕 0.5 : 청주 1
강하지 않고 깔끔한 맛의 양념이 잘 어울려요.
간장을 사용해 조리하는 것이 일반적이지만 간장 대신 굴소스를 넣으면 더욱 풍부한 맛을 낼 수 있답니다.
간장(굴소스)의 양은 쇠고기 100g당 숟가락으로 1.5숟가락이 적당해요.

돼지고기볶음

고추장 2 : 간장 1 : 고춧가루 1 : 설탕 1
고기볶음을 할 때 고춧가루를 많이 넣으면 고기가 익기 전에 양념이 타기 쉬우므로 고춧가루보다는 고추장의 비율을 늘리는 것이 좋아요.
얼큰한 맛을 살리고 싶다면 고춧가루 대신에 두반장을 넣어보세요.

해물볶음

고추장 2 : 고춧가루 2 : 간장 1 : 설탕1
고추장과 고춧가루를 동량으로 넣으면 칼칼한 해물볶음을 만들 수 있어요.
소금 대신 간장을 넣어 감칠맛을 살리고, 청주로 비린내를 제거해 잡내도 잡을 수 있답니다.
양념장은 미리 만들어 1시간 정도 숙성하면 더 깊은 맛이 나요.

조림 양념

간이 적당히 배고 촉촉하면서 부드러운 조림을 만들려면 물과 양념장의 비율이 중요해요.
재료가 부드럽거나 무른 재료는 양념장의 2배 정도의 물을 넣고, 단단하고 딱딱한 재료에는 양념장의 4배 정도의 물을 넣어 조려주세요.

채소밑반찬조림

간장 1 : 설탕 0.5 : 물 4
연근 우엉, 콩 같은 밑반찬을 맛있게 조리하려면 재료가 부드럽게 익어 간이 배도록 푹 끓여야 해요.
간장은 재료 100g당 1.5숟가락이 적당해요. 콩자반은 마른 콩을 부드럽게 삶은 뒤 조림장을 넣고, 우엉처럼 단단한 채소는 가늘게 채 썰어 끓는 물에 데친 후 조림장을 넣고 조려주세요.

생선조림

간장 1 : 맛술 0.5 : 물 3
생선 100g당 간장 1.5숟가락을 사용하면 적당한데 생선의 살만 조릴 때는 간장을 절반으로 줄여서 사용해주세요. 생선에 채소를 넣어 같이 조릴 경우에는 채소 무게만큼 양념의 비율을 늘리면 돼요. 맛술을 사용하면 비린내를 줄이고 적당한 단맛과 윤기를 더해줘요. 생강, 마늘, 간 양파를 넣으면 비린내 제거에 효과적이에요.

마른반찬조림

간장 1 : 설탕 1: 맛술 1
멸치나 황태포 등을 조릴 때 물 대신 맛술이나 청주를 넣으면 단맛도 나고 잡냄새 제거에도 효과적이에요.
건어물은 짠맛이 조금씩 차이가 나므로 미리 맛을 보고 간이 강하면 단맛을 조금 더 추가하는 것이 좋아요.

육류조림

간장 2 : 설탕 1 : 청주 1
육류를 조릴 때 처음부터 조림장을 넣고 익히면 간이 잘 배지 않고 익으면서 고기가 딱딱해져요.
고기의 핏물을 충분히 빼고 삶아서 익힌 후에 조림장을 넣어야 양념이 잘 밴답니다.
고기 100g당 간장 1.5숟가락을 기준으로 삼아 양념장을 만들어보세요.

무침 양념

일반적으로 나물무침에는 간장, 된장, 소금의 기본 양념을 사용하는데 이러한 양념의 비율에 따라 전체 맛이 좌우돼요.
보통 간장, 고추장, 된장 양념은 나물 100g당 양념 1숟가락을 기준으로 하면 돼요.

된장무침

된장 1 : 맛술 1
두릅, 냉이, 얼갈이배추 등을 데쳐 된장 양념에 무쳐보세요.
맛술을 넣으면 된장의 짠맛은 줄고, 농도는 묽어져 무치기 좋은 정도가 돼요. 다진 파, 마늘, 깨소금, 참기름을 넣어 무치면 맛이 더 좋아져요.

간장무침

간장 2 : 설탕 1: 식초 1
간장 양념 하나만 제대로 만들어 놓아도 나물무침이나 샐러드에 무궁무진하게 활용할 수 있어요.
새콤한 맛을 좋아한다면 식초, 단맛을 좋아하면 설탕을 더 넣으면 돼요.
좀 더 진한 맛을 내고 싶다면 간장 대신 까나리액젓이나 멸치액젓을 1~2숟가락 넣어도 좋아요.

소금무침

나물 200g : 소금 0.3
소금으로 나물을 무치면 재료 본연의 맛을 가장 잘 살릴 수 있어요.
나물 200g당 소금 0.3숟가락 정도면 소금의 양은 충분해요. 나물 200g은 나물을 삶은 뒤 꼭 짜 양손으로 쥐었을 때 손안에 쏙 들어가는 덩어리로 2개 분량이에요. 깔끔한 무침 맛을 살리려면 꽃소금을 사용하는 것이 좋아요. 소금이 녹아 나물에 스며들기까지 시간이 걸리므로 꼭꼭 주물러 무쳐야 간이 속까지 잘 배요. 여기에 참기름, 깨소금, 다진 파와 다진 마늘을 추가하면 맛이 더 풍부해져요.

국물이 남다른 **육수 5종**

맛있는 국, 찌개의 비결은 바로 잘 우려낸 육수예요.
필요할 때마다 육수로 만들지 말고 4인 기준 3~4회 끓일 분량의 육수를 만들어 보관하세요.
일주일 내로 먹을 거면 냉장 보관하고, 그 이상 보관한다면 사용할 만큼씩 소분해 냉동하세요.

기본 멸치육수

멸치육수 하나만 제대로 끓여도
음식의 맛이 훨씬 풍부하고 깊어져요.
육수 낼 때 쓴맛이 나는 내장은 제거하고,
머리는 시원한 맛을 내니 함께 끓여요.

재료 물 2컵, 국물용 멸치 6마리

만드는 법
멸치의 내장을 제거한 뒤 중약 불로 달군 마른
냄비에 볶아 비린내를 제거해요.
물을 붓고 센 불에서 한 번 끓어오르면 중약
불로 10분 정도 더 끓인 뒤 멸치를 건지세요.

TIP 깔끔한 다시마육수

깔끔한 국물 맛이 일품인 기본 다시마육수예요.
여러모로 활용하기 참 좋아요.

재료 물 9컵, 다시마 1장(7cm×7cm)

만드는 법
큰 물병에 다시마와 찬물을 붓고 30분 정도
담가뒀다 사용하세요. 남은 육수는 냉장
보관하면 3~5일 정도 사용가능해요.

구수한 황태육수

맑은 국이나 진하고 개운한 맛의 국수 육수를
낼 때 좋아요.
주로 황태머리와 꼬리, 껍질을 사용하는데
황태를 통으로 넣고 끓여도 좋아요.

재료 물 5컵, 황태머리 2개

만드는 법
냄비에 찬물을 붓고 황태머리를 넣어 센
불에서 끓여요. 끓어오르면 중약 불로 줄여
15분 정도 더 끓인 뒤 면포에 걸러 사용하세요.

깊고 진한 맛 쇠고기육수

육수 중 가장 깊고 진한 고기 맛을 내는 쇠고기육수는 뭇국이나 미역국과 같이 담백한 국물 요리에 사용해요.
육수용으로는 양지머리나 사태를 주로 사용해요. 양지머리는 부드러운 국물 맛을, 사태는 깊고 진한 맛을 내요.

재료 물 10컵,
쇠고기 양지머리(또는 사태) 300g

만드는 법
냄비에 고기가 잠길 정도로 찬물을 붓고 센불에 올려 끓기 시작하면 중약 불로 줄여 40분~1시간 정도 끓여요.
다 끓인 육수는 면포에 거른 뒤 식혀 위에 뜨는 기름을 걷어내세요.

시원한 조개육수

맑은 조개국물은 해물탕이나 찜, 칼국수, 파스타 등에 사용하면 특유의 시원한 맛과 깊고 진한 감칠맛이 요리를 더 빛내줘요.
육수용으로는 바지락, 홍합, 모시조개 등이 좋고, 반드시 해감한 뒤 사용하세요.

재료 물 4컵,
모시조개(또는 바지락) 200~300g

만드는 법
조개가 푹 잠길 정도의 소금물(물3컵+소금1)에 담가 빛을 차단한 뒤 냉장실에서 2시간 정도 둔 뒤 사용해요.
해감한 조개의 경우 겉을 깨끗이 비벼 씻은 뒤 찬물에서 조개의 입이 벌어질 때까지 10분 정도 끓여요. 조개는 건져 탕이나 찜 요리에, 육수는 국이나 찌개에 활용하세요.

달착지근한 가쓰오부시육수

가쓰오부시는 가다랑어를 훈제시켜 말린 뒤 대패로 밀어서 만든 일본 식재료로 국물을 우리면 진한 감칠맛이 나요.
전골이나 조림, 갈비찜 등에 활용하면 은은하게 달달하며, 진하고 깊은 맛을 낼 수 있어요.

재료 물 3컵, 가쓰오부시 1줌

만드는 법
냄비에 물을 부어 끓어오르면 불을 끄고 가쓰오부시를 넣어 바닥에 차분히 가라 앉을 때까지 5~10분 정도 우려요.

한 끗 차이 **집밥 담음새**

'보기 좋은 음식이 먹기도 좋다'라는 말이 있죠?
레시피를 따라서 맛있게 만든 요리의 담음새를 조금 만 더 신경 써보세요.
한 끗만 신경 쓰다 보면 집밥도 느낌 있게, 예쁘게 담아낼 수 있답니다.

TIP 담기 전 이것만 기억하세요

Q1. 다양한 컬러, 소재, 모양의 그릇들, 질리지 않고 두루두루 사용할 수 있는 만능 그릇을 추천해주세요

A. 정사각형, 직사각형, 긴 타원형, 오목한 원형 등 그릇 종류 참 많아요. 요리를 할수록 그릇 욕심이 나는 게 사실이지만 원한다고 모두 쟁여둘 수는 없죠. 이럴 땐 '**원형**'이 진리! 원형은 안정감을 주어 어떤 형태의 음식을 담든 깔끔하게 보여요.
컬러 역시 원색보다는 톤 다운된 컬러를 추천해요. 예를 들면 화이트 계열, 베이지, 그레이 계열 등을 들 수 있어요.
톤 다운된 식기에 각양각색의 반찬을 담으면, 반찬이 더 돋보이고 지저분해 보이지 않아요. 이제 막 살림을 시작한 신혼부부나 싱글족이라면 손바닥만 한 작은 사각 찬기를 추천해요.반찬을 조금씩 담아도 소복하니 예쁘고 원형 그릇보다는 공간 활용도가 높거든요. 긴 그릇과 겹쳐서 연출하면 좀 세련된 분위기를 낼 수 있어요.

Q2. 요리에 마지막은 반찬을 그릇에 담는 과정이라 생각해요. 하지만 늘 왜 이렇게 정신이 없을까요?

A. 정성스레 만든 갖가지 요리를 보기좋게 그릇에 담는 과정 생각보다 훨씬 더 중요해요. 작은 센스 하나로 평범한 반찬이 훨씬 더 특별해지거든요. 하지만 대개 모든 요리를 마치고 그릇에 담기 전 너저분한 주방을 맞닥뜨리게 되죠. 여기서부터 1차 멘붕, 담는 과정에서도 국물을 흘리거나 그릇에 양념을 묻혀 2차 멘붕! 자자, 처음부터 차근하게 요리의 과정을 생각해보도록 해요.

1. 밥 안치고, 국 끓일 육수 준비하기
2. 채소 → 고기 → 생선 순으로 재료 손질하기
   물기나 기름기가 많은 순으로 손질해야 도마를 씻는 시간이 줄어 들어요.
3. **테이블 세팅하기**
   재료가 익거나 끓는 동안 밥, 국그릇과 수저 등을 상에 놓아요.
4. **중간 중간 설거지하기**
   음식을 만드는 동안 그릇은 최대한 적게 사용하고, 기름기가 묻지 않았다면 바로 헹궈 설거지를 해요.
5. **김치와 저장 반찬을 꺼내고 새로 만든 음식을 적절한 그릇에 담기**

* 위 5단계만 기억하세요. 그릇에 반찬을 담아 세팅하는 시간이 훨씬 더 여유로워질 거예요.

밥

밥알이 살아 있도록 소복하고 복스럽게 담는 게 포인트예요.
밥을 짓자마자 골고루 뒤집어야 밥솥에서 오래 두어도 밥알이 죽지 않고 살아 있답니다. 밥공기에 퍼 담을 땐 한 번에 많이 퍼 담지 않고 두 번에 나눠서 담아요. 첫 주걱은 그냥 담고, 두 번째로 담을 땐 모양을 가운데로 몰아 소복하게 정리해요.

국

건더기가 많은 **해장국 종류**는 건더기만 골고루 건져 소복하게 담은 뒤 국물을 국자로 얌전히 부어요. **뭇국, 달걀국**처럼 건더기가 가벼운 국은 국자로 퍼서 담아도 돼요. 국자에 국물을 90% 정도만 채워야 그릇에 담을 때 흘리지 않아요.
그릇에 건더기를 절반 이상 채우고 국물은 건더기가 80% 정도 잠길 만큼 부은 뒤 건더기와 고명을 얹어요.

밑반찬류

장조림, 장아찌처럼 국물이 있는 반찬은 젓가락으로 건더기를 소복하게 먼저 담고 국물을 부어 촉촉하게 해요. 진미채나 나물류는 5번 이상 조금씩 덜어서 쌓아요. 그래야 서로 엉키지 않아 깔끔하게 덜어 먹을 수 있답니다.

볶음류

직사각형의 그릇은 국물이 적은 볶음요리를 담기 편해요. 쌓아 올릴 필요 없이 가지런하게 일자로 담으면 되니 오히려 더 쉬워요. 세련된 느낌이라 손님상에 내기도 좋아요.

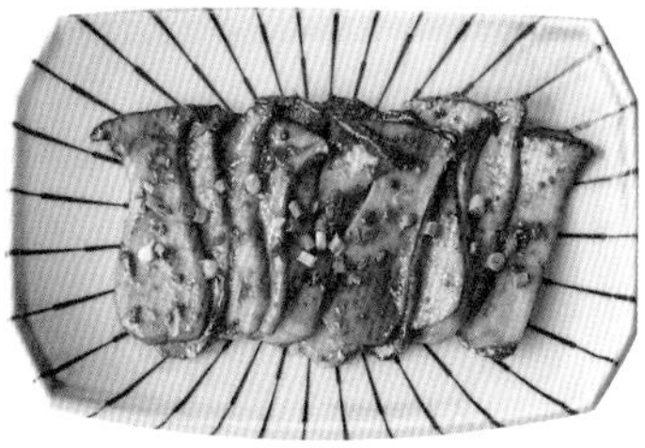

김치류

배추김치는 포기째 일정한 간격으로 썰고 겹겹이 쌓인 단면이 위로 보이도록 덩어리째 그대로 세워요.
동그랗게 모양을 잡으면 한 장씩 떼어 먹기 좋아요.
총각김치는 통째로 올리면 먹기 불편해 손이 잘 안가죠. 우선 한입 크기로 썰고 무와 줄기는 따로 담아요. 색감도 각각 살고 먹기도 편해요.

써는 법

요리의 시작은 재료 손질부터인데 칼을 어디에 대고 어떻게 썰어야 할지 막막하기만 하죠?
레시피엔 없는 재료 써는 법을 알려드릴게요. 일정한 크기와 두께로 써는 것이 가장 중요하답니다.

나박 썰기 재료를 얇고 네모난 모양 썰기로 주로 무를 썰 때 활용해요.

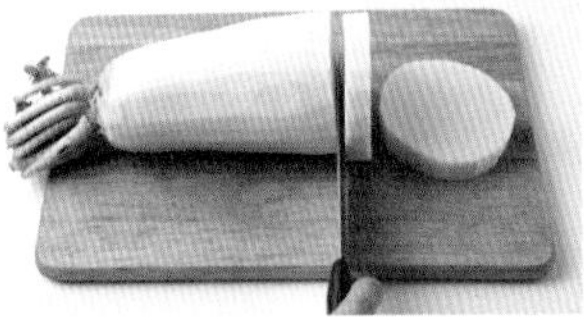

무를 가로로 놓은 뒤 2cm 두께로 썰고,

바닥에 눕혀 2cm 두께의 긴 막대 모양으로 썰고,

가로로 길게 놓고 0.2cm 두께로 얄팍하게 썰어 마무리.

반달 썰기 애호박이나 감자, 고구마 등을 썰 때 활용해요.

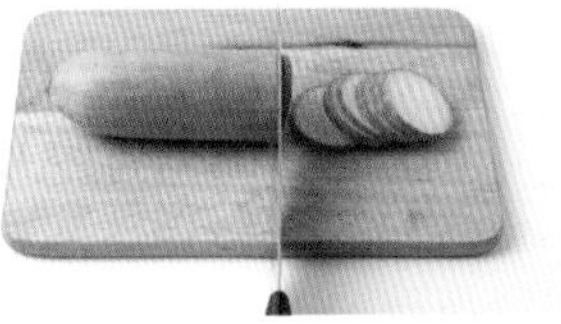

애호박을 가로로 놓고 둥근 모양을 살려 얄팍하게 썰고,

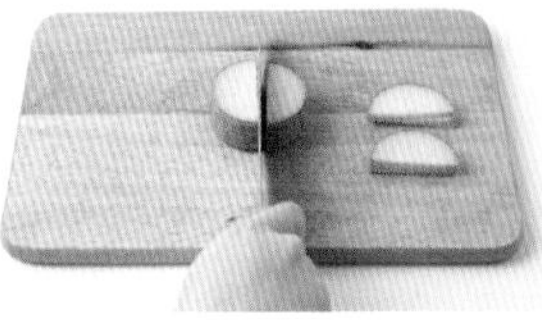

반으로 썰어 마무리.

감자는 반으로 자르고, 평평한 부분이 아래로 가도록 놓고 얄팍하게 썰어 마무리.

깍둑 썰기 당근, 감자, 무 등을 정육면체 모양으로 썰 때 활용해요.

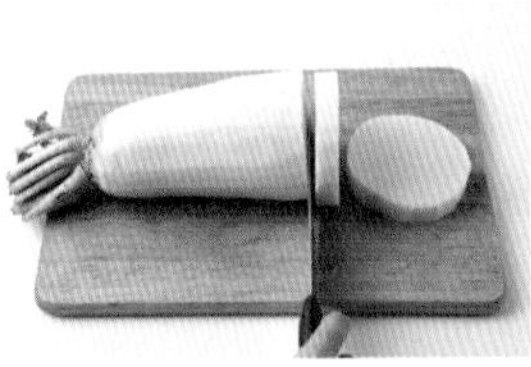

무를 가로로 놓은 뒤 2cm 두께로 썰고,

바닥에 눕혀 2cm 두께의 긴 막대 모양으로 썰고,

가로로 길게 놓고 2cm 두께로 네모난 모양이 되도록 썰어 마무리.

채 썰기

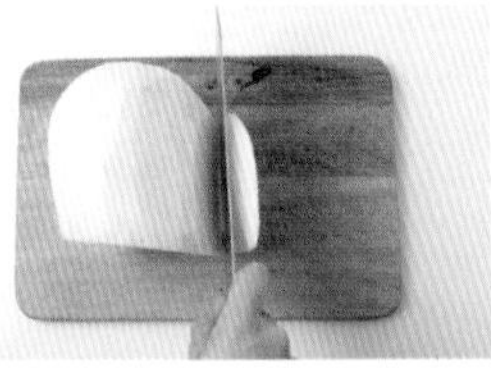

무를 세로로 놓고 바닥에 닿는 면을 잘라 평평하게 만들고,

무를 가로로 눕혀 세로 방향으로 얄팍하게 썰고,

비스듬히 포개 손으로 살짝 누르면서 일정한 두께로 썰어 마무리.

그 외 알아두면 좋은 재료 써는 법

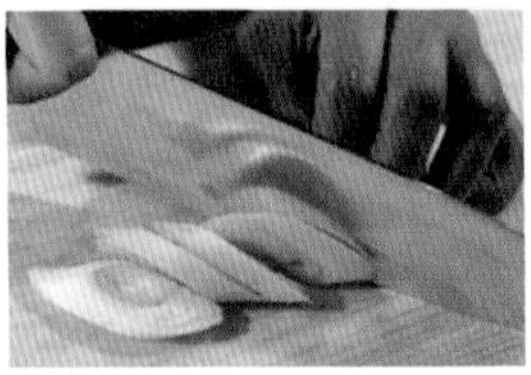

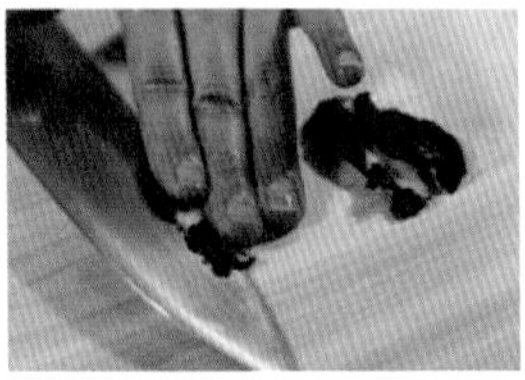

쉽게 다지는 법

양파 다지기

꼭지부분을 0.5cm 정도 남기고 결을 따라 길게 칼집을 넣어요.

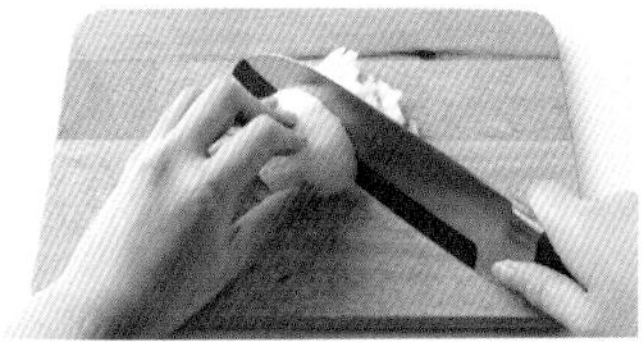
직각으로 돌려 썰어요.

칼로 조금 더 잘게 다져요.

마늘 다지기

마늘 꼭지를 제거해요.

칼등으로 눌러 으깨요.

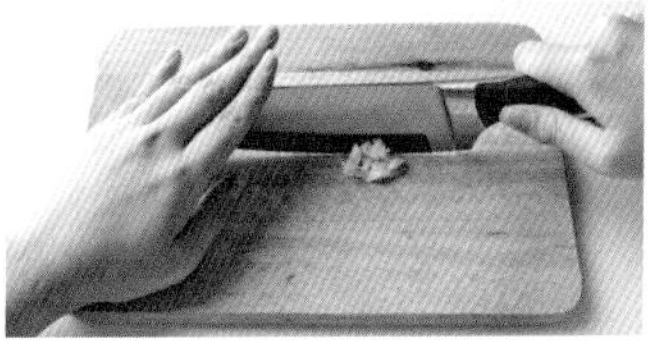
칼로 좀더 잘게 다져요.

대파 다지기

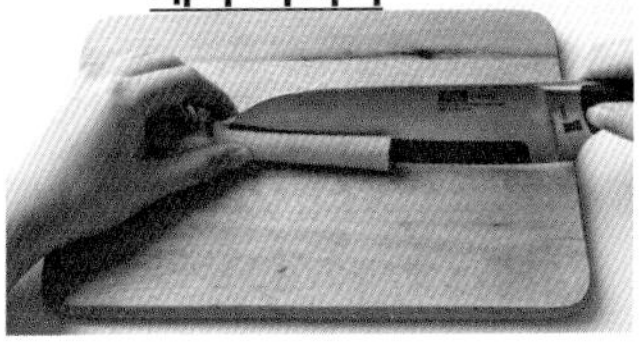
대파는 끝을 0.5cm 정도 남기고 결대로 길게 칼집을 넣어요.

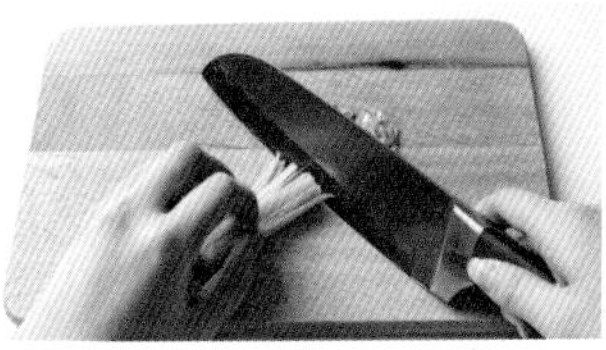
직각으로 돌려 썰어요.

칼로 조금 더 잘게 다져요.

{ '+' 표시의 의미 }

양념장, 소스, 드레싱
음식을 만들기 전에 미리 섞어 놓으면 좋은 양념이에요. 미리 섞어두면 숙성되면서 맛이 어우러져 더 깊은 맛을 내거든요. 재료에 +로 표시되어 있다면 미리 섞어두세요.

{ 그 외 알아두기 }

약간 소금이나 후춧가루 등을 약간 넣었다면 엄지와 검지로 살짝 집은 정도를 말해요.

필수 재료 필수 재료는 음식을 만들기 위해서 꼭 필요한 재료를 말해요.

선택 재료 선택 재료는 있으면 좋지만 기본적인 맛을 내는 데는 크게 영향을 끼치지 않는 재료를 말해요. 다른 비슷한 재료로 바꾸거나 생략이 가능해요.

양념 다진 마늘, 간장, 고추장, 식초, 설탕 등 요리의 맛을 내기 위해서 쓰이는 재료를 말해요.

밥숟가락으로 계량하기

가루 분량 재기

설탕(1)

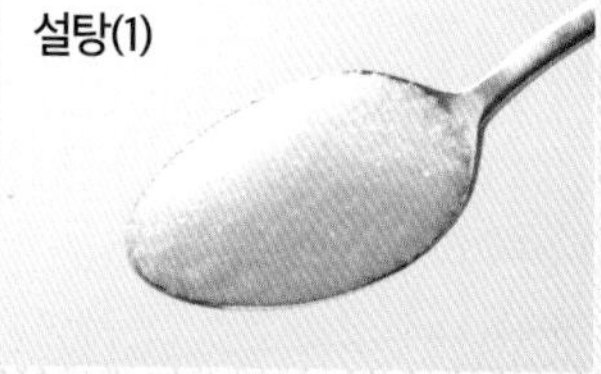

숟가락으로 수북이 떠서 위로 볼록하게 올라오도록 담아요.

설탕(0.5)

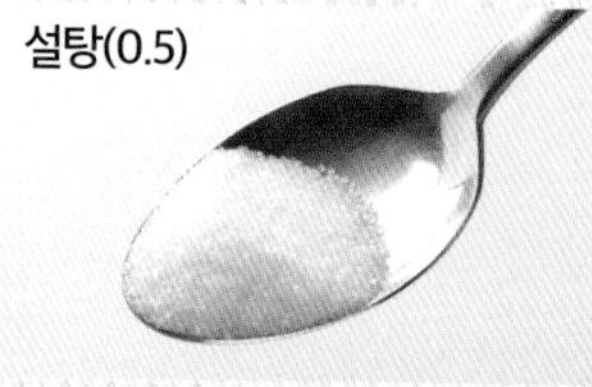

숟가락의 절반 정도만 볼록하게 담아요.

설탕(0.3)

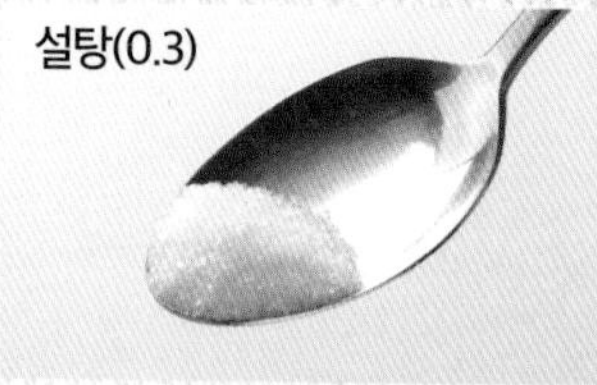

숟가락의 $\frac{1}{3}$정도만 볼록하게 담아요.

다진 재료 분량 재기

다진 마늘(1)

숟가락으로 수북이 떠서 꼭꼭 담아요.

다진 마늘(0.5)

숟가락의 절반 정도만 꼭꼭 담아요.

다진 마늘(0.3)

숟가락의 $\frac{1}{3}$정도만 꼭꼭 담아요.

장류 분량 재기

고추장(1)

숟가락으로 가득 떠서 위로 볼록하게 올라오도록 담아요.

고추장(0.5)

숟가락의 절반 정도만 볼록하게 담아요.

고추장(0.3)

숟가락의 $\frac{1}{3}$정도만 볼록하게 담아요.

액체 양념 분량 재기

간장(1)

숟가락 한가득 찰랑거리게 담아요.

간장(0.5)

숟가락의 가장자리가 보이도록 절반 정도만 담아요.

간장(0.3)

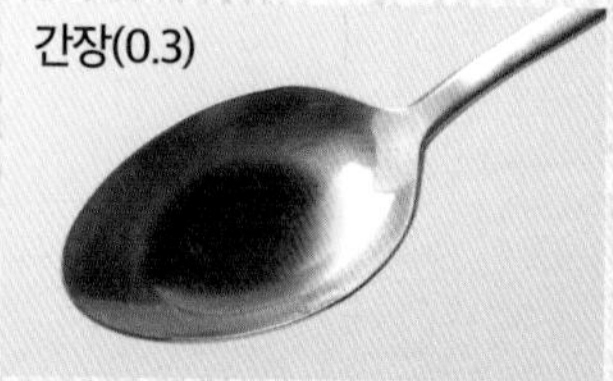

숟가락의 $\frac{1}{3}$정도만 담아요.

종이컵으로 분량 재기

육수(1컵=180㎖)

종이컵에 가득 담아요.

육수($\frac{1}{2}$컵=90㎖)

종이컵의 절반만 담아요.

밀가루(1컵=100g)

종이컵에 가득 담아 윗면을 깎아요.

다진 양파(1컵=110g)

종이컵에 가득 담아 윗면을 깎아요.

아몬드($\frac{1}{3}$컵)

종이컵의 절반만 담아요.

멸치(1컵)

종이컵에 가득 담아요.

눈대중으로 분량 재기

애호박($\frac{1}{2}$개=100g)

양파($\frac{1}{4}$개=50g)

무(1토막=150g)

당근($\frac{1}{3}$개=100g)

대파 흰 부분(1대=10cm)

마늘(1쪽=5g)

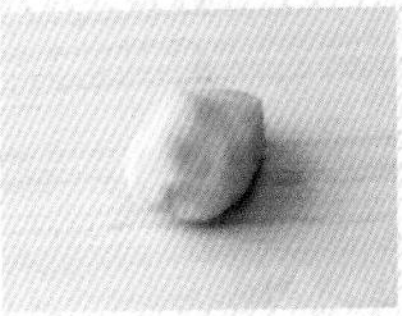

생강(1톨=7g)

돼지고기(1토막=200g)

손으로 분량 재기

콩나물(1줌)

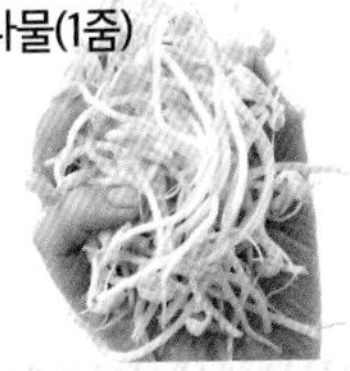

손으로 자연스럽게
한가득 쥐어요.

시금치(1줌)

손으로 자연스럽게
한가득 쥐어요.

국수(1줌=1인분)

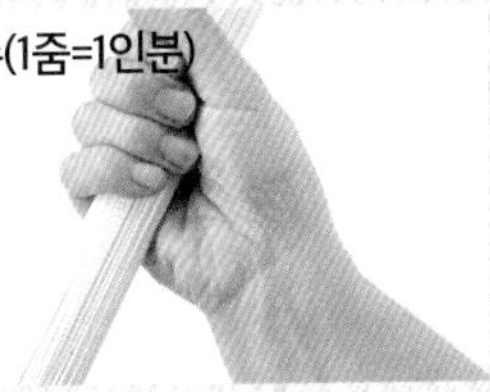

500원 동전 굵기로
가볍게 쥐어요.

PART 2

밥

한국인들에게는 뭐니 뭐니 해도 밥심(心) 아니겠어요?
반질반질 윤기 나는 밥 한 그릇만 있으면 진수성찬이 부럽지 않아요.
찰지게 입맛을 당기는 오곡찰밥부터 콩 안 먹는 습관을 한방에 날려줄
부드러운 모둠콩밥, 온가족이 사랑하는 달콤한 단호박밤밥까지.
보기만 해도 입맛 다시는 각종 밥 레시피가 여기 다 있어요.

입에 착착 붙는

오곡찰밥

찰밥은 쫀득하고 고소한 맛이 일품이죠.
별다른 반찬 없이 김에 싸서 간장만 살짝 찍어도 맛있어요.
압력밥솥에 요리하면 전기밥솥보다 더 차진 식감을 낼 수 있답니다.
팥과 조, 수수까지 들어가 식감도 풍부하고 영양도 당연히 만점! 고기반찬이랑 먹어도 소화가 잘돼요.

2인분

필수 재료

쌀(2컵), 찹쌀(1컵), 찰수수($\frac{2}{3}$컵=80g), 차조($\frac{2}{3}$컵=80g), 팥($\frac{2}{3}$컵=80g)

Tip 쌀과 찹쌀처럼 수수에도 일반 수수와 찰기가 있는 찰수수가 있어요. 요리에는 대부분 찰수수를 사용해요.

양념

소금(0.5)

1

쌀과 찹쌀은 섞어 씻은 뒤 찬물에 1시간 불리고, 찰수수와 차조도 각각 씻어 1시간가량 불리고,

2

팥을 냄비에 담고 잠길 만큼 물을 부어 중간 불에 올려 끓어오르면 첫물은 따라버리고 물(6컵)을 다시 부어 $\frac{3}{4}$정도 익혀 건지고,

3

팥 삶은 물(3컵)에 소금(0.5)을 섞어 따로 두고,

4

압력밥솥에 쌀, 찹쌀, 찰수수, 차조, 팥과 팥 삶은 물(3컵)을 고루 섞어 넣고 밥솥의 압력을 3단으로 맞춘 뒤 중간 불에서 밥을 짓고,

5

취사가 끝나고 증기가 빠지면 밥솥의 뚜껑을 열고 고루 섞은 뒤 그릇에 담아 마무리.

Tip 팥을 삶을 때 첫물을 버리는 이유는?

팥에 들어 있는 사포닌이라는 성분은 쓴맛을 내고 단백질의 소화를 방해해요. 그래서 한 번 삶은 물을 따라버려서 사포닌 성분을 제거하고 새로 물을 넣어 삶죠. 위장이 약한 사람도 팥을 한 번 삶아서 요리하면 부담 없이 먹을 수 있답니다.

연두부 양념장을 곁들인 **견과류영양밥**

밥 지을 때부터 대추향이 물씬!
밥알마다 대추물이 스며들어 향도 좋고 촉촉해요.
고소한 견과류와 폭신한 밤, 달달한 대추가 씹혀 달지 않은 약밥 같네요.
부드러운 연두부 양념장이 재료들의 식감을 안아주면서 부족한 간까지 채워준답니다.

2인분

필수 재료
쌀($1\frac{2}{3}$컵), 대추(3개), 견과류($\frac{2}{3}$컵)
Tip 호박씨, 잣, 호두, 밤을 사용했어요.

연두부 양념장
연두부($\frac{1}{4}$모), 송송 썬 쪽파(2대 분량), 고춧가루(2), 간장(4), 다진 마늘(0.2), 참기름(0.7), 참깨(0.2)

1
쌀은 2~3번 헹궈 넉넉한 물에 담가 20~30분간 불리고,

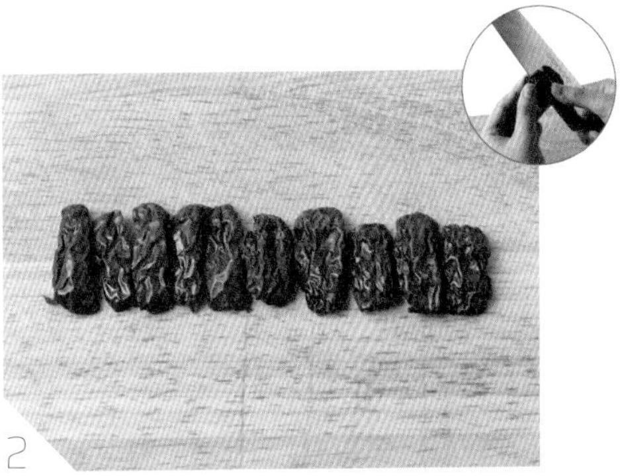

2
대추는 세로로 칼집을 넣어 씨를 중심으로 돌려 깎아 두껍게 채 썰고,

3
마른 팬에 호박씨, 잣, 호두를 넣고 고소한 향이 날 때까지 약한 불에서 볶고,

4
밥솥에 쌀, 볶은 견과류, 밤, 대추를 넣고,

5
물(2컵)을 부어 취사한 뒤 밥이 되면 고루 섞고,

6
연두부는 숟가락으로 으깨 나머지 **연두부 양념장** 재료와 섞은 뒤 영양밥에 곁들여 마무리.

고기 뺨치는 영양밥 **모둠콩밥**

찹쌀 없이도 쫀득쫀득~ 어쩜 이런 맛이 나나요?
고소하고 은은한 콩의 단맛도 좋고 은행 향까지 배어 밥맛이 너무 좋아요.
팥을 따로 삶기 번거롭다면 생략해도 좋지만 함께 넣으면 오곡밥 같은 느낌이 난답니다.

3인분

필수 재료

모둠콩($\frac{3}{4}$ 컵), 쌀($1\frac{1}{2}$ 컵)

Tip 검은콩($\frac{1}{4}$ 컵), 대두($\frac{1}{4}$ 컵), 팥($\frac{1}{4}$ 컵)을 사용했어요.

선택 재료

은행(7알)

껍질 깐 은행을 구입했어요.

검은콩을 불리면 색이 탁해져 따로 불려요.

1

모둠콩은 찬물에 담가 반나절 이상 불리고,

2

쌀은 2~3번 헹궈 물기를 빼고,

압력밥솥에 밥을 지을 때는 두 번 삶을 필요 없이 한 번 끓어오르면 건져 바로 사용하세요.

3

냄비에 팥과 잠길 만큼 물을 넣어 끓어오르면 다시 새물로 갈아 중간 불로 7분간 삶아 건지고,

4

전기밥솥에 쌀, 모둠콩, 삶은 팥, 은행을 담은 뒤 물($2\frac{1}{2}$ 컵)을 붓고,

5

취사를 눌러 밥을 짓고 골고루 섞어 마무리.

볶은 재료로 간을 딱 맞춘 **우엉밥**

우엉의 쌉싸래한 향과 아삭함을 그대로 담은 밥 요리.
재료를 양념장에 미리 볶아 넣으면 밥에 간이 쏙쏙 배어 더 맛있어요.
먹고 남은 우엉조림을 활용하면 과정이 확 줄어든답니다.
닭고기나 쇠고기를 더하면 더 푸짐하겠죠? 냄비 속 눌은밥도 꼭 긁어 드세요.

3인분

필수 재료
느타리버섯(1$\frac{1}{2}$줌), 우엉(15cm), 당근($\frac{1}{4}$개), 불린 쌀(3컵)

선택 재료
다시마물(2$\frac{1}{2}$컵)
Tip 찬물에 다시마(1장=10×10cm)를 10분간 우려서 준비해요.

양념장
간장(3)+맛술(2)+참깨(0.2)

1

느타리버섯은 가닥가닥 뜯고, 우엉과 당근은 껍질을 벗겨 버섯과 비슷한 길이로 채 썰고,

2

센 불로 달군 팬에 식용유(2)를 둘러 우엉과 당근을 1분간 볶고,

3

느타리버섯과 **양념장**을 넣고 재료에 양념이 골고루 배어들 때까지 볶고,

4

냄비에 불린 쌀, 볶은 재료를 넣은 뒤 다시마물(2$\frac{1}{2}$컵)을 붓고 뚜껑을 덮어 센 불에서 끓어오르면 중약 불로 줄여 5분간 익히고,

5

약한 불로 10분간 더 익힌 뒤 5분간 뜸을 들이고 밥을 고루 섞어 마무리.

밥에 노란 꽃이 피었네 **단호박밤밥**

이번 정월대보름날엔 늘 먹던 오곡밥 대신
단호박과 밤을 넣어 포만감을 더한 영양밥은 어떠세요?
아이들도 좋아하는 은은한 단맛에 포슬포슬한 식감까지 제대로 담았어요.
단호박은 껍질째 넣어야 으스러지지 않는답니다.

2~3인분

필수 재료
쌀(2컵),
단호박($\frac{1}{6}$통=200g),
깐 밤(10개)

Tip 단호박은 색이 진하고 단단한 게 맛있어요.

불리면 3컵 정도 돼요.

1

쌀(2컵)은 씻어 1시간 불려 물기를 빼고,

2

단호박은 씨를 제거한 뒤 껍질째 깍둑 썰고,

3

밤은 반으로 썰고,

4

냄비에 쌀을 넣고 단호박과 밤을 얹은 뒤
물(1$\frac{2}{3}$컵)을 붓고,

밥이 다 되면 살살 섞어요.

5

뚜껑을 닫고 센 불에서 끓어오르면 중약 불에서 5분,
약한 불에서 10분간 끓인 뒤 불을 끄고
5분간 뜸을 들여 마무리.

고소한 깻잎 향이 솔솔~ **깻잎순나물밥**

깻잎순을 가볍게 양념하고 뜸 들일 때 넣어 맛과 향을 살려요.
깻잎의 향긋함은 그대로,
야들야들 식감이 부드러워 밥에 잘 어울린답니다.
양념장만 곁들이면 건강한 한 끼 완성!

3인분

필수 재료

불린 쌀(3컵), 깻잎순(3줌)

Tip 쌀(2컵)을 1시간 불려 물기를 빼 준비해요.

양념

소금(0.2), 참기름(0.3)

Tip 참기름 대신 들기름도 좋아요.

양념장

간장(4)+
송송 썬 쪽파(1)+
굵게 다진 홍고추(1)+
다진 마늘(0.3)+
참기름(0.5)+참깨(0.2)

1 냄비에 불린 쌀과 물(3컵)을 넣고 뚜껑을 덮어 센 불에서 끓어오르면 중약 불로 줄이고,

2 5분간 끓인 뒤 밥을 고루 섞고 다시 뚜껑을 덮어 약한 불로 10분간 익히고,

3 밥을 짓는 동안 끓는 소금물(물5컵+소금0.1)에 깻잎순을 넣어 10초간 데치고,

4 찬물에 헹궈 물기를 꼭 짠 뒤 2~4등분해 소금(0.1), 참기름(0.3)을 넣어 버무리고,

먹기 전 밥과 깻잎순을 고루 섞고 양념장을 곁들여요.

5 밥이 다 되면 불을 끄고 양념한 깻잎순을 얹은 뒤 뚜껑을 덮어 5분간 뜸을 들여 마무리.

방금 지은 밥같이 **찬밥버섯솥밥**

반찬도 마땅치 않고 찬밥은 많이 남아 애매한 날.
찬밥에 버섯을 몽땅 넣어 뚝딱 짓는 솥밥이랍니다.
구수한 향과 온기는 기본. 누룽지는 옵션.
버섯 대신 냉장고 속 자투리 채소를 넣어도 좋아요.

2인분

필수 재료
느타리버섯(½줌),
새송이버섯(2개),
찬밥(2공기)

선택 재료
부추(½줌),
조미김(6×8cm, 2장),
참깨(2)

양념
소금(0.1), 참기름(1)

양념장
간장(5), 다진 마늘(1),
참기름(1)

Tip 매콤한 게 좋다면 청양고추나 고춧가루를 더하세요.

1
버섯은 먹기 좋게 찢거나 썰고,
부추는 송송 썰고,

2
버섯에 **양념**을 넣어 무치고,

3
돌솥에 찬밥을 깐 뒤 양념한 버섯을 얹고,

4
뚜껑을 덮은 뒤 중간 불에서 타닥타닥 소리와
구수한 냄새가 날 때까지 10~12분간 데우고,

5
양념장을 만들고,

6
조미김을 잘게 부숴 참깨(2)와 고루 섞어 부추와
함께 밥에 얹고 양념장을 곁들여 마무리.

좋은 이유가 수십 가지 **가지밥**

더운 여름철에 가지를 챙겨 먹는 이유가 있어요!
몸에 열을 내려주고 수분도 많거든요.
또 눈 건강에도 좋고, 항암효과에 변비예방도 된다네요.
이렇게 기특한 가지로 밥을 지어봤습니다.
매콤한 양념장에 슥슥 비비면 집 나간 입맛이 돌아와요.

2인분

필수 재료

가지($\frac{2}{3}$개), 쇠고기 불고기용(100g), 불린 쌀(2컵)

Tip 쌀(1$\frac{2}{3}$컵)을 잘 씻어 물에 30분간 불려둬요.

양념장

홍고추($\frac{1}{2}$개), 풋고추(1개), 고춧가루(1), 간장(5), 다진 마늘(0.3), 참깨(0.2)

밑간

간장(1), 맛술(1), 다진 생강(0.1), 후춧가루(약간)

미리 섞으면 고춧가루가 곱게 풀어져요.

1

고추를 송송 썰어 나머지 **양념장** 재료와 섞고,

2

가지는 길게 2~4등분해 한입 크기로 썰고,

3

쇠고기는 키친타월에 밭쳐 핏물을 뺀 뒤
한입 크기로 썰어 **밑간**하고,

4

중간 불로 달군 냄비에 쇠고기를 넣어
핏기가 사라질 때까지 볶고,

5

고기 색이 변하면 쌀을 넣어 1분간
더 볶고,

6

가지를 얹고 물(1$\frac{1}{2}$컵)을 부은 뒤 뚜껑을
덮고,

7

중간 불에 12분 → 중약 불에 5분간 끓인 뒤
고루 섞어 양념장을 곁들여 마무리.

제철일 때 많이 드세요 **무굴밥**

요즘은 굴도 바지락처럼 봉지에 소량만 담긴 것을 살 수 있어요.
무와 함께 밥을 지으면 촉촉하고 달큰한 맛이 더해져요.
뽀얀 무굴밥에 고소한 양념장을 얹어 슥슥 비비면
탱글탱글 살아 있는 굴맛이 꿀맛이네요.

2~3인분

필수 재료
쌀(2컵),
굴(1봉지=250g),
무(2토막=300g)

양념장
간장(4)+고춧가루(1)+
참기름(1)+ 청주(1)+
통깨(0.3)+
다진 마늘(0.3)+
다진 파(0.5)

1

쌀(2컵)은 씻어 1시간 정도 불려 물기를 빼고,

2

굴은 옅은 소금물에 흔들어 씻어 물기를
빼고, 무는 굵게 채 썰고,

3

냄비에 쌀→무→굴 순으로 얹은 뒤 물(2컵)을
붓고,

4

중간 불에서 뚜껑을 닫고 5분간 끓이다가
약한 불로 10분, 불을 끄고 10분간 뜸을 들여
밥을 짓고,

5

밥이 뜨거울 때 고루 섞고,

6

양념장을 곁들여 마무리.

바다의 보석으로 지은 **전복밥**

고급 한식당마다 각자 개성 있는 솥밥 메뉴가 있답니다.
마트에서 마리당 2천 5백 원 하는 전복으로 밥 한번 지어보세요.
내장의 진한 맛이 밴 밥과 탱글한 전복이 너무 맛있어서
바닥에 붙은 누룽지도 벅벅 긁어 먹게 된답니다.

2인분

필수 재료
쌀($1\frac{1}{2}$컵), 전복(3마리)

양념
참기름(1.5), 맛술(2),
간장(1)

양념장
고춧가루(1)+간장(3)+
다진 마늘(0.7)+
송송 썬 쪽파(3)+
참기름(2)

1

쌀은 2~3번 씻어 30분간 물에 담가 불린 뒤
체에 밭쳐 물기를 빼고,

2

전복은 솔로 비벼 씻은 뒤 껍질 안쪽에
숟가락을 넣어 살을 분리하고,

3

내장은 떼어내 다지고, 끝부분을 눌러 붉은 이빨을
빼낸 뒤 살을 납작하게 썰고,

4

냄비에 참기름(1.5)을 두른 뒤 내장을 넣어
중간 불에서 1분간 볶다가 쌀을 넣고 1분간 더 볶고,

5

쌀 불린 물(2컵), 맛술(2), 간장(1)을 넣고
뚜껑을 덮어 센 불에서 끓어오르면 납작 썬 전복을
올리고,

6

뚜껑을 덮어 중약 불로 13분간 끓인 뒤 불을 꺼
10분간 뜸을 들이고 **양념장**을 곁들여 마무리.

촉촉해서 좋아 **꼬막달래밥**

반찬 따로 만들 필요 없이 이렇게 밥 하나로도 충분한 별미가 돼요.
짭조름한 달래양념장 듬뿍 끼얹어 슥슥~
촉촉한 무와 꼬막의 조합이 정말 완벽하네요.

2인분

필수 재료
꼬막(3컵=200g),
쌀(1 $\frac{1}{2}$컵),
무($\frac{1}{2}$토막=75g),
달래(5뿌리)

양념장
고춧가루(0.5)+간장(3)+
참기름(1)+물(2)+참깨(0.1)

양념
소금(1)

1
꼬막은 비벼 씻은 뒤 소금물(물5컵+소금1)에 담가 2시간 해감하고,

2
쌀은 2~3번 씻어 찬물에 30분간 불리고,

하얀색 뿌리 부분은 알싸한 맛이 있으니 아이와 먹을 때는 빼세요.

3
무는 채 썰고, 달래는 1cm 길이로 썰고,

무에서 수분이 나오니 물은 평소보다 적게 잡아요.

4
냄비에 불린 쌀과 무를 담아 쌀 불린 물(1컵)을 붓고 뚜껑을 덮은 뒤 센 불에서 끓어오르면 중간 불로 줄여 15분간 끓이고,

5
다른 냄비에 꼬막과 물(3컵)을 담아 한쪽 방향으로 저어가며 입이 2~3개 벌어질 때까지 삶고,

전기밥솥에 할 때도 밥이 다 되면 얹고 뚜껑을 덮어 5~10분간 두어요.

6
꼬막의 살만 바른 뒤 밥이 다 되면 불을 꺼 꼬막살을 넣고 뚜껑을 닫아 뜸을 들이고,

7
양념장에 달래를 섞은 뒤 밥에 곁들여 마무리.

SINCE 1953
백설
BEKSUL
건강을 생각한
리그난 참기름
참깨 본연의 깔끔하고 고소한 맛
다양한 요리에 활용 가능하며, 음식의 맛을 살려줍니다.

요리의 꽃 참기름이 활짝 피어난 **볶음고추장꽃비빔밥**

비빔밥에 꽃이 활짝 폈네요.
예쁘기만 한 게 아니라 맛도 영양도 만점.
항산화 성분이 가득한 리그난 참기름을 뿌렸거든요.
꼬수운 볶음고추장과 부드러운 달걀만으로
맛이 만개한답니다.

1인분

필수 재료
다진 쇠고기($\frac{1}{3}$컵), 양파($\frac{1}{3}$개), 식용꽃($\frac{1}{2}$컵), 새싹채소($\frac{1}{2}$컵), 달걀(1개), 밥(1공기)

양념
백설 리그난 참기름(3), 다진 마늘(0.7), 맛술(1), 고추장(2), 올리고당(1.5)

1 다진 쇠고기는 키친타월에 밭쳐 핏물을 빼고,

2 양파는 곱게 다지고, 식용꽃과 새싹채소는 물에 가볍게 흔들어 씻어 물기를 빼고,

3 중간 불로 달군 팬에 백설 리그난 참기름(1)을 두른 뒤 다진 양파를 넣고 1분간 볶다가 쇠고기, 다진 마늘(0.7), 맛술(1)을 넣고 30초 볶고,

4 백설 리그난 참기름(1)을 더 두른 뒤 고추장(2), 올리고당(1.5)을 넣고 약한 불로 2분간 볶아 볶음고추장을 만들고,

5 중간 불로 달군 팬에 식용유(1)를 두른 뒤 곱게 푼 달걀물을 부어 부드럽게 볶아 건지고,

6 그릇에 밥을 담고 에그스크램블과 새싹채소, 식용꽃을 올린 뒤 백설 리그난 참기름(1)을 뿌리고 볶음고추장을 곁들여 마무리.

PART 3

국물요리

든든한 밥과 함께 곁들일 국물요리가 총집합했어요.
매일 매일 부담 없이 즐겨 먹을 수 있는 된장국, 미역국, 김치찌개, 배춧국은 물론
특별한 날 손쉽게 끓여 먹을 수 있는 각종 찌개&탕 등 각종 국물요리를 소개합니다.
맑은 국물부터 칼칼하게 속을 풀어주는 매콤한 국물요리까지
여러분 취향에 꼭 맞춰 골라만 주세요.

black is blue

겨울 별미로 구수함 살린 **시래기된장국**

겨울이 가기 전 시래기를 넣고 국을 끓여보세요.
쌀뜨물을 넣어 더 구수하고 깊어진 맛에
식이섬유 가득한 시래기로 영양까지 듬뿍!
청양고추나 고춧가루를 더해 얼큰하게 즐겨도 좋아요.

2인분

필수 재료
삶은 시래기($1\frac{1}{2}$줌=150g), 대파(1대=10cm)

육수 재료
쌀뜨물(5컵), 국물용 멸치(10마리), 다시마(1장=5×5cm)

Tip 멸치는 내장을 제거해서 준비해요.

양념
된장(2), 다진 마늘(0.5)

1

냄비에 **육수 재료**를 넣고 끓어오르면 다시마는 건지고 10분간 더 끓인 뒤 멸치도 건져내고,

줄기에 투명한 막을 벗겨내면 더 부드러워요.

2

시래기는 3~4등분하고, 대파는 어슷 썰고,

된장은 체에 걸러 곱게 풀어요.

3

육수에 된장(2)을 풀어 중간 불로 끓이고,

4

끓어오르면 시래기를 넣어 끓이고,

5

시래기가 부드럽게 익으면 다진 마늘(0.5)과 대파를 넣고 한 번 더 끓여 마무리.

잘 익은 김치로 만든 **두부김칫국**

부담 없이 후루룩 끓여내기 좋은 국이에요.
구수하게 멸치육수를 내서 칼칼하게 잘 익은 김장김치와
굵게 채 썬 두부를 넣어 만들어요.
시원한 두부김칫국에 밥을 말아 먹으면 별 반찬 없이도 속이 참 든든해요.

2인분

필수 재료
두부($\frac{1}{2}$모),
익은 김치(2컵)

선택 재료
대파(1대=10cm)

육수 재료
국물용 멸치(1대=10마리),
다시마(1장=5×5cm)
Tip 멸치는 내장을 제거해 준비해요.

양념
국간장(0.5),
다진 마늘(0.3),
후춧가루(약간),
소금(적당량)

1

육수 재료에 물(4컵)을 넣은 뒤 중간 불에서 끓어오르면 다시마를 건져 10분간 더 끓이고,

2

두부는 손가락 굵기로 채 썰고, 대파는 어슷 썰고,

김치 색이 배지 않게 도마에 우유팩이나 종이포일을 깔면 좋아요.

3

김치는 소를 가볍게 털어내고 1cm 폭으로 굵게 채 썰고,

4

끓는 육수에 김치를 넣어 투명하게 익으면 두부를 넣고,

5

1분간 끓여 두부가 익으면 국간장(0.5), 다진 마늘(0.3), 후춧가루로 간하고,

6

대파를 넣고 부족한 간은 소금으로 맞춰 마무리.

채소육수처럼 깔끔한 **애호박감잣국**

최소한의 간만 했는데도
애호박, 감자의 단맛이 우러나 국물 맛이 충분하네요!
오래 끓일수록 감자의 전분질이 나와 감칠맛도 나고
포근포근 채소 씹히는 맛도 좋답니다.

4인분

필수 재료
다시마(1장=10×10cm), 감자(1개), 애호박($\frac{1}{2}$개), 양파($\frac{1}{4}$개)

선택 재료
쪽파(1대), 홍고추($\frac{1}{2}$개)

양념
국간장(0.7)

1

물(3컵)에 다시마를 넣어 중간 불에서 끓어오르면 중약 불로 낮춰 5분간 끓인 뒤 다시마를 건지고,
Tip 다시마를 계속 넣고 끓이면 국물이 끈적하고 탁해져요

2

감자는 껍질을 벗겨 애호박, 양파와 같이 한입 크기로 썰고, 쪽파는 4cm 길이로 썰고, 홍고추는 어슷 썰고,

3

육수에 감자, 국간장(0.7)을 넣어 중간 불로 5분간 끓이고,

4

감자가 반 정도 익으면 애호박, 양파를 넣고,
Tip 젓가락이 살짝 들어갈 정도면 반 익은 거예요!

5

감자가 다 익으면 쪽파와 홍고추를 넣고 불을 꺼 마무리.
Tip 부족한 간은 소금으로 맞춰야 색이 탁해지지 않아요.

저절로 해장까지 되는 **봄동콩나물국**

부드럽게 데쳐 넣은 봄동과
아삭아삭한 콩나물이 입맛을 돋우네요.
된장과 고추장을 함께 풀고 청양고추로 마무리했더니
첫맛은 구수하고 먹을수록 은근히 얼큰하답니다.
속이 덜 풀린 아침에 먹기 좋아요.

2인분

필수 재료
봄동(⅔포기=150g),
콩나물(1줌=50g),
대파(1대=10cm)

선택 재료
청양고추(1개)

육수 재료
다시마(2장=5×5cm),
국물용 멸치(10마리)
Tip 멸치는 미리 내장을 제거해 준비해요.

양념
소금(0.3), 된장(1.5),
고추장(0.5),
다진 마늘(0.5)

1
냄비에 물(4컵)과 **육수 재료**를 넣어 중간 불에서 끓어오르면 다시마는 건지고 10분간 더 끓여 멸치를 건지고,

2
봄동은 한 잎씩 떼어 깨끗이 씻어 끓는 소금물(물3컵+소금0.3)에 30초간 데쳐 찬물에 헹군 뒤 물기를 짜 3등분하고,

3
콩나물은 지저분한 부분만 다듬고,
대파는 어슷 썰고, 청양고추는 송송 썰고,

4
육수에 된장(1.5)과 고추장(0.5)을 풀고
콩나물과 봄동을 넣어 중간 불로 끓이고,

5
콩나물의 숨이 죽으면 다진 마늘(0.5), 대파,
청양고추를 넣고 한 번 더 끓여 마무리.

가지 들어간 거 맞나요?

가지맑은국

늘 먹던 나물이나 냉국 대신 맑은 국으로도 즐겨보세요.
가지 겉껍질을 벗겨 뭉근하게 익혔더니
어찌나 부드럽고 야들야들한지!
편식쟁이 아이도 가지인지 모를 정도랍니다.
디포리로 맛내 구수하면서 달큰한 국물 덕분에 밥 한 그릇 뚝딱 비우네요.

3인분

필수 재료
가지(3개),
대파(1대=10cm)

육수 재료
물($3\frac{1}{2}$컵), 디포리(4마리),
다시마(1장=10×10cm)

Tip 밴댕이를 말린 디포리로 육수를 내면 비린내가 없고 뒷맛이 깔끔해요.

양념
들기름(2), 소금(0.2),
국간장(1.5),
다진 마늘(0.3)

1
냄비에 **육수 재료**를 넣고 끓으면 다시마는 건져 10분 더 끓이고,

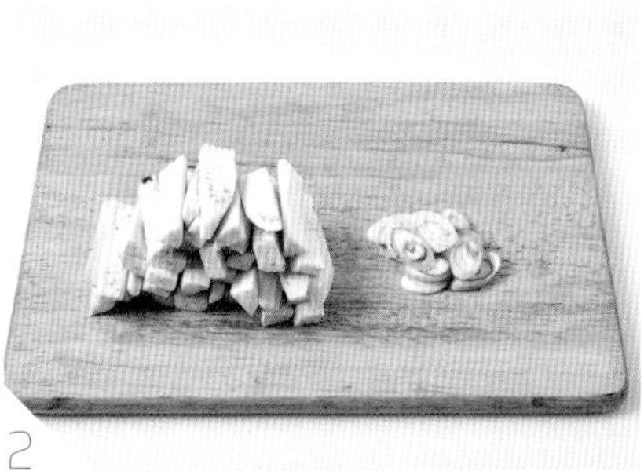
2
가지는 감자칼로 껍질을 벗겨 5cm 길이로 썬 뒤 막대 모양으로 6등분하고, 대파는 어슷 썰고,

3
다른 냄비에 들기름(2)을 두르고 가지를 넣어 3분간 볶다가 디포리를 건져낸 육수를 붓고,

4
가지가 부드럽게 익으면 소금(0.2), 국간장(1.5)으로 간을 맞추고,

5
다진 마늘(0.3), 대파를 넣고 한 번 더 끓여 마무리.

육수 안 내도 깊고 진한 **황태미역국**

고기 없이 끓였다는 게 믿기지 않는 진한 국물이 일품!
오래 끓일수록 점점 진하고 더 맛있어진답니다.
고소한 들깨향이 맴도는 미역국 한 숟가락이 수프 같네요.
통통하게 불어 부드러워진 황태도 꼭 건져 드세요.

2인분

필수 재료
마른 미역($\frac{1}{3}$컵=10g),
황태채(2컵)

양념장
들기름(2),
다진 마늘(0.5),
국간장(2), 들깻가루(4)

주물러 씻고 헹궈야 비린내가 안 나요.

1

미역은 찬물에 20분간 담가 불린 뒤 주물러 씻어 물기를 짜 한입 크기로 자르고, 황태채도 같은 크기로 자르고,

2

중간 불로 달군 냄비에 들기름(2)을 둘러 황태채를 볶다가 미역을 넣어 2분간 볶고,

3

물(4컵)을 붓고 미역이 부드러워질 때까지 센 불로 끓이고,

4

끓어오르면 중간 불로 줄여 다진 마늘(0.5)을 넣은 뒤 국간장(2)으로 간하고,

취향에 따라 들깻가루의 양을 조절해요.

5

들깻가루(4)를 넣고 한 번 더 끓여 마무리.

후루룩 끓여도 맛이 나!
차돌박이배춧국

막 구워도 맛있는 차돌박이로 국을 끓이면 얼마나 맛있게요?
차돌박이 몇 점에 든든함과 고소함이 배가되네요.
쭉쭉 찢어 넣은 배추 잎과 참치액으로 시원하게 맛을 내고
후루룩 금방 끓여서 완성해요.

2인분

필수 재료
알배추($\frac{1}{4}$포기),
대파($1\frac{1}{2}$대=15cm),
차돌박이(100g)

양념
참치액(1),
다진 마늘(0.5),
후춧가루(약간)

1

알배추는 세로로 칼집을 넣어 길게 찢고,

2

대파는 어슷 썰고,

3

냄비에 물(4컵), 알배추, 참치액(1)을 넣은 뒤
중간 불에서 배추가 투명해질 때까지 끓이고,

4

차돌박이를 넣어 완전히 익을 때까지 끓이고,

거품을 살살
걷어가며 끓여요.

5

다진 마늘(0.5), 대파, 후춧가루를 넣어 마무리.

시원하고 향긋하게 비우는 **냉이조개맑은국**

고기 반찬과 찰밥을 먹다 보면 목이 막히기 마련!
향긋한 냉이와 구수한 조개로 끓인 국물요리를 곁들이세요.
소금간을 따로 하지 않아도 조개가 품은 자연의 간으로 맛을 낼 수 있어요.
냉이조개맑은국에 밥만 후루룩 말아 먹어도 입맛이 살아날 거예요

2인분

필수 재료
냉이(1줌),
대파(1대=10cm),
모시조개(300g),
다시마(5×5cm, 2장)

양념
다진 마늘(0.3),
후춧가루(약간)

1

냉이는 깨끗이 씻어 물기를 뺀 뒤 먹기 좋게 등분하고,

2

대파는 어슷 썰고, 모시조개는 해감하고,
Tip 소금물(물3컵+소금0.3)에 조개를 넣고 빛이 들지 않는 곳에서 2시간 동안 두어 해감해요.

3

해감한 모시조개를 깨끗이 씻은 뒤 다시마, 찬물(4컵)과 함께 냄비에 넣어 중간 불에서 끓어오르면 다시마만 건지고,

4

모시조개가 입을 벌리면 냉이를 넣어 한 번 더 끓이고,

5

냉이 뿌리가 말랑하게 익으면 다진 마늘(0.3), 대파를 넣고 후춧가루를 넣은 뒤 한 번 더 끓여 마무리.
Tip 조개에 간이 되어 있어 소금을 넣지 않아도 간이 맞아요. 맛을 보고 간이 부족하다면 소금을 넣으세요.

감기 쫓는 한 그릇 레시피 **오징어뭇국**

감기 기운에 으슬으슬 추운 날 먹기 좋아요.
추운 속도 달래고 피로도 풀어주는 무와 오징어를 듬뿍!
칼칼하면서도 시원한 국물에
오징어의 감칠맛이 녹아들어
밥 말아 먹기 좋아요.

2인분

필수 재료
무(1토막=150g),
대파(1대=10cm),
오징어(1마리)

양념
고춧가루(1), 국간장(1),
소금(0.2), 다진 마늘(0.5)

1

무는 납작하게 썰고, 대파는 어슷 썰고,

2

오징어는 내장, 입, 눈을 제거한 뒤 몸통을 세로로 반 갈라 1cm 폭으로 자르고, 다리도 비슷한 크기로 자르고,

3

물(3컵)에 무를 넣어 중간 불로 5분간 끓이고,

4

무가 투명해지면 오징어, 고춧가루(1), 국간장(1), 소금(0.2)을 넣어 오징어가 하얗게 익을 때까지 끓이고,

5

대파와 다진 마늘(0.5)을 넣고 한 번 더 끓여 마무리.

담백한 채식 보양식

채개장

여름이라고 무거운 보양식만 달고 살 순 없죠?
육개장에서 고기 빼고 담백하게 끓인 채개장으로 몸보신하세요.
밥 한 그릇 훌훌 말아 먹고 나면 힘이 불끈 솟아나요.

4인분

필수 재료
대파(2대=20cm),
불린 고사리(1줌=100g)

선택 재료
애느타리버섯(1줌=100g),
숙주(1줌=80g)

육수 재료
무(1토막=150g),
국물용 멸치(12마리),
다시마(1장=10×10cm)
Tip 무는 국물이 잘 우러나도록 1cm 두께로 잘라 두세요.
Tip 멸치는 내장을 제거해 준비해요.

양념장
고춧가루(1)+다진 마늘(1)+
국간장(1.5)+참기름(0.3)+
고추기름(2)+
후춧가루(약간)

양념
소금(0.3), 고추장(1)

1

냄비에 **육수 재료**와 물(7컵)을 넣고 중간 불에 올려 끓어오르면 다시마는 건지고 무가 투명해질 때까지 끓인 뒤 건더기를 모두 건지고,

2

대파는 세로로 2등분해 5cm 길이로 썰고, 고사리도 같은 길이로 썰고, 애느타리버섯은 낱낱이 가르고,

3

육수에 애느타리버섯, 대파를 넣고 1분간 데쳐 건진 뒤 꼭 짜고,

4

다른 냄비에 끓는 소금물(물2컵+소금0.3)에 숙주를 10초간 데쳐 건진 뒤 물기를 짜고,

5

양념장에 데친 재료와 고사리를 넣어 고루 무치고,

6

육수에 고추장(1)을 풀고,

7

무친 재료를 넣고 건더기가 부드러워질 때까지 푹 끓여 마무리.

한국인이라면 누구나 좋아하는 **돼지고기김치찌개**

보글보글 끓인 김치찌개만 있어도
밥 한 그릇을 뚝딱 비우죠?
잘 익은 김치에 큼지막하게 썬 돼지고기가 식욕을 자극하네요.
설탕을 넣어 김치의 신맛을 잡고 청양고추로 칼칼함을 살렸어요.

4인분

필수 재료
배추김치($\frac{1}{4}$포기),
돼지고기(100g)

선택 재료
양파($\frac{1}{2}$개),
두부($\frac{1}{4}$모=100g),
대파($1\frac{1}{2}$대=15cm),
청양고추(1개)

양념
후춧가루(약간),
청주(1), 다진 마늘(0.5),
소금(약간), 설탕(1)

김치소도 털어내지 말고 사용하세요.

1

김치는 꼭지를 잘라내고 세로로 길게 2등분해 먹기 좋은 크기로 썰고,

2

돼지고기는 납작하게 썰어 후춧가루, 청주(1), 다진 마늘(0.5)을 넣어 조물조물 무쳐두고,

3

양파는 채 썰고, 두부는 먹기 좋은 두께로 썰고, 대파와 청양고추는 어슷 썰고,

4

냄비에 식용유(1)를 둘러 돼지고기를 넣은 뒤 익을 때까지 볶다가 김치를 넣어 함께 볶고,

식성에 따라 고춧가루를 추가해도 좋아요.

5

김치가 약간 투명해질 정도로 익으면 물(4컵)을 붓고 끓어오르면 소금, 설탕(1)으로 간하고,

6

양파와 두부를 넣고 끓어오르면 대파, 청양고추를 넣고 한소끔 끓여 마무리.

풍성함이 두 배~
쇠고기부추된장찌개

감칠맛을 제대로 담아낸 된장찌개예요.
고기와 부추를 넉넉히 넣은 것이 특징!
청국장을 더해 더 깊고 진한 맛이 난답니다.
건더기가 푸짐해 찌개 하나로도 상이 가득 차는 기분이에요.

2인분

필수 재료
두부(1모=290g),
부추($\frac{1}{2}$줌),
대파(1대=10cm),
풋고추(1개),
쇠고기(국거리용 150g)

밑간
소금(0.1),
후춧가루(약간)

양념
된장(1.5), 청국장(1)

1

두부는 큼직하게 깍둑 썰고, 부추는 3~4등분하고, 대파와 풋고추는 어슷 썰고,

2

쇠고기는 키친타월에 밭쳐 핏물을 뺀 뒤 **밑간**하고,

3

중간 불로 달군 냄비에 식용유(2)를 둘러 쇠고기를 볶고,

4

물(2컵)에 된장(1.5)을 풀어 넣어 10분간 끓이고,

청국장을 넣어
구수하면서도 진득한
국물 맛이 더해져요.

5

두부와 청국장(1)을 넣어 2분간 더 끓이고,

6

대파와 풋고추, 부추를 듬뿍 얹어 마무리.

4인 가족 **2**끼 분량

필수 재료

두부(1모=270g), 풋호박(작은 것 1개), 양파(1개), 통조림 햄(1캔=200g), 대파(1 ½ 대=15cm)

Tip 호박은 애호박, 돼지호박 등 어떤 것을 사용해도 좋아요.

육수 재료

마른 표고버섯(4개), 국물용 멸치(12줌), 물(7컵)

Tip 표고버섯은 생략해도 돼요.

Tio 멸치는 내장을 제거해 준비해요.

양념

들기름(1.5), 고춧가루(3), 고추장(3), 설탕(1.5), 새우젓(2), 다진 마늘(1)

Tip 들기름 대신 식용유, 참기름을 써도 돼요.

재탕할수록 맛있어지는

두부고추장찌개

이 메뉴는 꼭 넉넉하게 만들어 두세요.
재탕할수록 국물이 졸아들면서 더 맛있어지거든요.
냉장고에 남은 채소들도 찌개에 싹 넣어주시고요.
햄 대신에 찌개용 돼지고기도 좋습니다.
호박 넣기 전에 핏물이 없어질 정도로 먼저 볶으면 돼요.

1

냄비에 **육수 재료**를 넣고 센 불에 올려 끓어오르면 중약 불로 10분간 더 끓여 건더기를 건지고,

2

두부, 호박, 양파, 햄은 먹기 좋은 크기로 깍둑 썰고,

3

대파는 송송 썰고,
건져낸 표고버섯은 채 썰고,

4

중약 불로 달군 냄비에 들기름(1.5), 고춧가루(3), 고추장(3)을 넣고 30초간 가볍게 볶고,

5

호박을 넣어 중간 불로 2분간 볶고,

6

육수를 부어 끓어오르면 양파와 표고버섯을 넣고,

7

다시 바글바글 끓으면 두부와 햄을 넣고,

8

한 번 더 끓어오르면 설탕(1.5), 새우젓(2), 다진 마늘(1), 대파를 넣고 7분간 끓여 마무리.

개운하게 속이 풀리는 **명란젓찌개**

생선 하나 없이 끓여도 이런 맛이!
명란젓과 채소로 슴슴하게 끓이다가 부추와 참기름을 넣어 향긋한 감칠맛을 끌어올렸어요.
국물 안주가 필요한 저녁은 물론 해장이 간절한 아침에도 옳아요.

4인분

필수 재료
부추($\frac{1}{2}$줌),
무($\frac{2}{3}$토막=100g),
두부($\frac{1}{3}$모=100g),
명란젓(4쪽)

선택 재료
애호박($\frac{1}{4}$개),
홍고추(1개)

양념
새우젓(약간),
참기름(0.2)
Tip 새우젓 대신 소금을 사용해도 돼요.

1
부추는 5cm 길이로 자르고, 무와 애호박은 한입 크기로 납작 썰고, 두부는 깍둑 썰고, 고추는 어슷 썰고,

2
명란젓은 흐르는 물에 헹궈 한입 크기로 썰고,

3
냄비에 물(3컵)과 무를 넣어 중간 불에서 반투명해질 때까지 끓이고,

약한 불로 끓여야 명란젓이 부드럽고 국물이 깔끔해요.

4
애호박과 두부를 넣고 3분간 더 끓이다가 명란젓을 넣어 약한 불로 줄이고,

칼칼하게 먹고 싶다면 청양고추(1개)를 추가해요.

5
새우젓으로 간한 뒤 고추와 부추를 넣고 참기름(0.2)을 둘러 마무리.

겨울 냄새 나는 국물요리

얼큰 코다리찌개

꾸덕꾸덕하게 말려 씹는 식감이 좋은 코다리로
칼칼한 찌개를 끓여봤어요.
무와 콩나물을 넉넉히 넣고 시원한 국물 맛을 냈더니
해장과 술을 동시에 부르는 메뉴가 됐네요!

4인분

필수 재료
토막 낸 코다리(2마리),
감자(2개),
무(1토막=150g),
대파($1\frac{1}{2}$대=15cm),
콩나물(2줌=150g)

선택 재료
청 · 홍고추(1개씩),
쑥갓(1줌)

육수 재료
국물용 멸치(15마리),
다시마(1장=10×10cm),
물(1ℓ)
Tip 멸치는 내장을 제거해 준비해요.

양념
고추장(1), 된장(0.7),
고춧가루(1.5), 청주(1),
다진 마늘(1), 다진
생강(0.2), 국간장(1),
후춧가루(약간)

1 냄비에 **육수 재료**를 넣고 센 불에서 끓어오르면 다시마를 건진 뒤 중약 불로 줄여 15분간 더 끓여 멸치도 건지고,

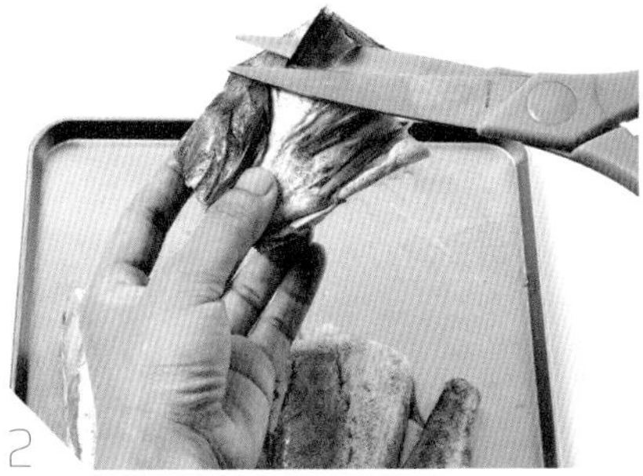

2 코다리는 지느러미를 잘라 씻은 뒤 물기를 빼고,

3 껍질을 벗긴 감자와 무는 한입 크기로 납작 썰고,
대파와 고추는 어슷 썰고,
콩나물은 지저분한 부분만 떼어내 헹구고,

4 육수에 고추장(1)과 된장(0.7)을 푼 뒤 무와 감자를 넣어 중간 불로 3분간 끓이고,

5 코다리와 콩나물, 고춧가루(1.5), 청주(1), 다진 마늘(1), 다진 생강(0.2), 국간장(1)을 넣어 끓이고,

6 코다리 살이 익으면 대파와 고추, 후춧가루를 넣어 1분간 더 끓이고,

쑥갓은 끓이면 모양이 지저분해지고 향이 날아가요. 요리 마지막에 넣어 바로 불을 꺼요.

7 쑥갓을 넣고 불을 꺼 마무리.

시원한 피로회복탕 **바지락맑은순두부탕**

빨간 순두부찌개도 좋지만 봄에는 바지락으로 시원하게 국물을 낸
맑은 순두부탕도 참 맛있죠?
순두부를 뚝뚝 떠 넣어 후루룩 넘기기 좋고,
시원하고 칼칼한 국물이 해장용으로도 그만이죠.

2인분

필수 재료
바지락(1봉=200g),
대파 푸른 부분(1대),
순두부(1봉=350g)

선택 재료
애호박($\frac{1}{4}$개=50g),
청양고추(1개),
홍고추(1개)

양념
소금(0.5),
다진 마늘(0.3),
새우젓(0.5),
후춧가루(약간)

1

바지락은 소금물(물2컵+소금0.5)에 담가
포일을 씌운 뒤 냉장실에 넣어 2시간 해감하고,

매운맛이 싫다면 고추를 생략해도 좋아요.

2

애호박은 반달 썰고, 대파는 어슷 썰고,
고추는 송송 썰고,

3

냄비에 물($1\frac{1}{2}$컵), 바지락을 넣고 중간 불로
끓이고,

4

바지락이 입을 벌리면 애호박을 넣어 끓이고,

5

애호박이 반투명해지면 순두부를 넣어
숟가락으로 큼직하게 자르고,

6

양념, 대파, 고추를 넣고 한 번 더 끓여 마무리.

국물이 된 늙은 오이
노각들깨탕

노각을 무치지 않고 탕으로도 먹어요.
소금에 살짝 절여 들기름에 볶다가 멸치육수에 보글보글 끓이는데요.
마지막에 들깻가루를 넣어 고소함이 폭발~
시원한 맛도 있는 걸 보면 늙은 '오이' 맞네요!

2인분

필수 재료
노각($\frac{1}{2}$개=350g)

육수 재료
국물용 멸치(10마리),
다시마(1장=5×5cm),
물(4컵)
Tip 멸치는 내장을 제거해 준비해요.

양념
소금(0.3+약간),
들기름(1),
다진 마늘(0.5),
거피 들깻가루(5),
후춧가루(약간)

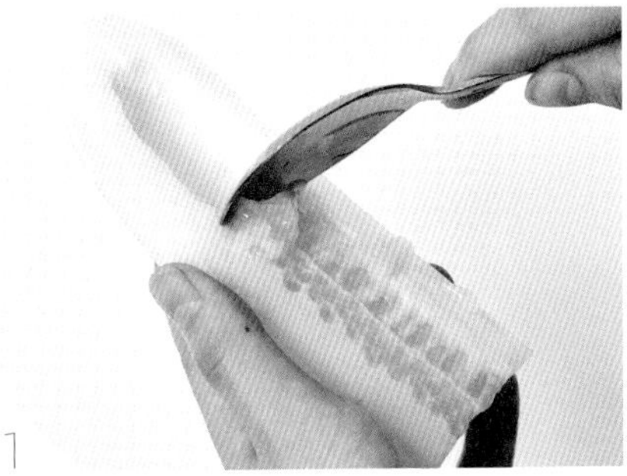

1 노각은 감자칼로 껍질을 벗긴 뒤 길게 반 갈라 씨를 긁어내고,

2 4mm 두께로 납작 썰어 소금(0.3)에 20분간 절인 뒤 물기를 짜고,

3 냄비에 **육수 재료**를 넣어 물이 끓어오르면 다시마는 건지고 10분간 더 끓여 국물만 거르고,

4 냄비에 들기름(1)과 다진 마늘(0.5)을 넣고 중약 불로 30초간 볶다가 노각을 넣어 3분간 더 볶고,

부족한 간은 소금과 후춧가루로 맞춰요.

5 육수(3컵)를 붓고 중간 불로 올려 끓어오르면 2분간 더 끓인 뒤 거피 들깻가루(5)를 풀어 마무리.

진하게 끓여드세요 **굴비지탕**

구수한 비지탕에 굴을 넣어 시원하네요.
맑은 국보다는 든든하고, 전골보다 부담이 덜해요.
국물 한 모금에 따뜻한 기운이 몸속에 쫙~
뚝배기째 식탁에 올려 내면 보기 좋고 따끈함도 오래 가요.

4인분

필수 재료
굴(2컵),
무($\frac{2}{3}$토막=100g),
대파(1대=10cm),
팽이버섯($\frac{1}{2}$줌),
콩비지(2컵=300g)

선택 재료
다시마(1장=10×10cm),
청양고추(1개)

양념
다진 마늘(1), 새우젓(1.5)

1

냄비에 물(4$\frac{1}{2}$컵)을 붓고 다시마를 15분간 우려 건지고,

2

굴은 흐르는 물에 헹군 뒤 물기를 빼고,

3

무는 굵게 채 썰고, 대파와 고추는 어슷 썰고, 팽이버섯은 밑동을 제거하고,

4

다시마물에 무를 넣고 센 불에 올려 끓으면 콩비지를 넣은 뒤 중간 불로 줄여 5분간 더 끓이고,

간이 약하면 새우젓을 추가! 새우젓을 다져 넣으면 국물이 깔끔해요.

5

굴을 넣고 다시 끓어오르면 3분간 더 끓인 뒤 **양념**하고,

6

다시 끓어오르면 대파와 고추, 팽이버섯을 넣고 1분간 더 끓인 뒤 불을 꺼 마무리.

통조림으로 만든 보양 국물 **꽁치추어탕**

추어탕은 집에서 만들기 왠지 부담되죠?
통조림 꽁치를 쓰면 곱게 갈기만 해도 걸리는 게 없고요.
일반 추어탕처럼 푹 삶지 않아도 돼요.
또 미꾸라지 특유의 흙냄새도 없어서 온 가족이 나눠 먹기 좋아요.

3인분

필수 재료
통조림 꽁치(1캔=400g),
데친 우거지(3컵=185g),
대파(1대=10cm)

선택 재료
청양고추(1개),
산초가루(취향껏)

양념장
된장(1.5)+고추장(1)+
다진 마늘(0.5)+
다진 생강(0.2)+
후춧가루(약간)

1 통조림 꽁치는 믹서에 넣어 곱게 갈고,

2 우거지는 7cm 길이로 썰고,

3 대파는 어슷 썰고, 청양고추는 송송 썰고,

4 우거지에 **양념장**을 넣어 고루 주물러 섞고,

5 냄비에 꽁치 간 것, 우거지, 물(2컵)을 넣고,

6 중간 불로 끓이며 중간 중간 뜨는 거품은 걷어내고,

7 우거지가 부드럽게 익으면 대파를 넣고 한소끔 끓인 뒤 청양고추, 산초가루를 곁들여 마무리.

우리 가족 몸보신 타임

돼지등뼈감자탕

추운 겨울엔 몸보신도 되면서 땀을 쭉 빼는 요리가 그립죠?
정육점에다가 돼지등뼈에 살을 좀 덜 발라달라고 주문하세요.
뼈를 넣고 푹 고아서 추위를 떨쳐내는 데 이만한 요리가 없어요.

4인분

필수 재료
돼지등뼈(1kg),
감자(3개), 삶은
우거지(2줌=250g),
대파(1대=10cm),
깻잎(3장), 들깻가루(2)

등뼈 삶는 재료
생강(2톨)+마늘(5쪽)+
통후추(0.2)+
대파 푸른 부분(2대)

양념장
고춧가루(2)+
다진 마늘(2)+
다진 생강(0.3)+
된장(3)+후춧가루(약간)

1

돼지등뼈는 찬물에 담가 물을 갈아가며 4시간
동안 핏물을 빼고,

핏물을 응고시켜 빼는 과정이에요.

2

등뼈를 냄비에 넣은 뒤 뼈가 잠길 만큼 물을
부어 끓으면 물만 버리고,

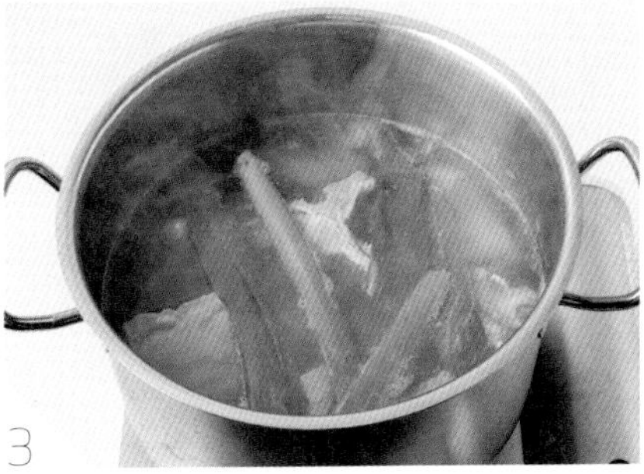

3

다시 찬물을 넉넉히 부어 **등뼈 삶는 재료**를 넣고
고기가 부드럽게 익고 맛이 우러나도록
뚜껑을 닫아 3시간 이상 중간 불로 끓이고,

젓가락으로 찔러 부드럽게 들어갈 때까지 익혀요.

4

고기가 익는 동안 감자는 껍질을 벗겨 찜기에 찌고,
Tip 감자가 잠길 만큼 물을 부어 삶아도 돼요.

5

삶은 우거지는 물기를 꼭 짜 3등분한 뒤
양념장에 무치고,

6

대파는 길게 반 갈라 4cm 길이로 등분하고,
깻잎도 먹기 좋게 썰고,

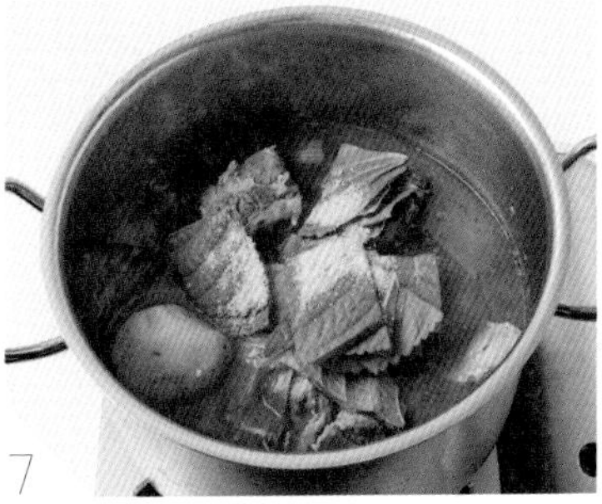

7

등뼈 삶는 재료는 건지고 우거지, 감자,
대파를 넣어 5분간 더 끓인 뒤 깻잎,
들깻가루(2)를 얹어 마무리.

존재감 출중한 일품 요리 **꽃게탕**

식사는 물론 술안주까지 해결되는 푸짐한 일품요리예요.
손님상 메뉴로도 손색없답니다.
제철 꽃게와 통통한 새우부터 건져 먹고요.
꽃게와 단호박의 달달한 맛이 녹아든 구수한 국물에 밥을 비벼 먹어도 참 맛있어요.
단맛을 줄이고 싶다면 단호박은 생략하세요.

4인분

필수 재료

꽃게(2마리), 바지락(2컵), 새우(중하 8마리), 무(1토막=150g), 양파(1개), 버섯(2줌), 콩나물(2줌=160g), 대파(1$\frac{1}{2}$ 대=15cm), 풋고추(1개)

Tip 버섯은 팽이버섯, 느타리버섯, 새송이버섯 등 취향에 맞게 준비하세요.

선택 재료

단호박($\frac{1}{4}$통), 쑥갓(1줌), 붉은 고추(1개)

Tip 단호박, 쑥갓 대신 애호박, 미나리를 사용해도 좋아요.

양념장

고춧가루(1.5)+
국간장(1)+
청주(1.5)+된장(1.5)+
고추장(0.7)+
다진 마늘(1)+
다진 생강(0.3)+
후춧가루(0.1)

다리 끝을 자를 때는 가위를, 몸통을 토막낼 때는 칼을 사용하면 편해요.

1

꽃게는 솔로 비벼 씻은 뒤 등딱지를 벌려 몸통을 분리하고 모래집, 아가미, 입을 제거한 뒤 다리 끝을 잘라내고 몸통은 먹기 좋게 2~4토막 내고,

2

바지락과 새우는 깨끗이 씻어 물기를 빼고,

바지락은 해감한 것을 구매하세요.

단호박은 깨끗이 씻어 껍질째 사용하세요.

3

무와 단호박은 납작 썰고, 양파는 굵게 채 썰고, 버섯은 먹기 좋게 썰고,

4

콩나물은 지저분한 것만 제거해 깨끗이 씻고,

5

팽이버섯과 쑥갓은 끝을 정리하고, 고추와 대파는 어슷 썰고,

6

냄비에 물(5컵)을 부어 **양념장**을 풀고 무를 넣어 중간 불에서 끓이다가 무가 반투명해지면 꽃게를 넣고 뚜껑을 열어 5분간 끓이고,

7

바지락과 새우, 콩나물, 단호박을 넣고 끓어오르면 양파를 넣어 3분 정도 더 끓이고, 버섯과 대파, 고추를 넣고 살짝 더 끓인 뒤 불을 끄고 쑥갓을 얹어 마무리.

오늘 신경 좀 썼어요 쇠고기된장전골

된장양념에 재운 쇠고기에 채소를 듬뿍~!
끓일수록 채소의 수분과 맛이 우러나와 국물이 담백하답니다.
푸짐한 재료만큼이나 육수도 조금 신경 써서 냈고요.
식으면 맛이 덜하니까 상에서 보글보글 끓여가며 드세요.

2인분

필수 재료
쇠고기 샤브샤브용(150g), 알배추(4장), 표고버섯(3개), 새송이버섯(1개), 깻잎(15장), 숙주(1줌=100g),

선택 재료
청 · 홍고추(1개씩)

육수 재료
국물용 멸치(15마리), 다시마(1장=10×10cm), 대파(1½대=15cm), 무(⅔컵=100g), 물(6컵)
Tip 멸치는 내장을 제거해 준비해요.

쇠고기 밑간
다진 마늘(0.5), 맛술(1), 청주(1), 된장(2), 후춧가루(약간)

양념
고춧가루(1), 다진 마늘(0.5), 국간장(0.5), 소금(약간)

1 **육수 재료**를 센 불에 올려 끓어오르면 다시마는 건지고 중약 불로 줄여 15분간 더 끓인 뒤 건더기를 건져 육수를 만들고,

2 쇠고기는 먹기 좋게 등분해 키친타월에 올려 핏물을 제거한 뒤 **쇠고기 밑간**에 버무리고,

3 배추와 버섯, 깻잎은 한입 크기로 썰고, 고추는 어슷 썰고,

4 숙주는 씻어 물기를 빼고,

5 전골냄비에 숙주, 대파, 고추를 뺀 모든 재료를 돌려 담은 뒤 육수를 자작하게 잠길 정도로 부어 중간 불로 끓이고,

6 끓어오르면 **양념**을 풀어 넣고 숙주와 대파, 고추를 얹어 한소끔 끓여 마무리.

영양과 향기가 풍부한 **시래기불고기전골**

시래기와 불고기에서 우러난 풍미가 담긴 영양식이에요.
텁텁하지 않고 개운한 국물 맛에 놀란답니다.
식탁 위에서 따끈하게 끓여가며 먹는 게 정석이지만,
푹 익혀서 먹어도 달짝지근하니 맛있더라고요.

2인분

필수 재료
쇠고기 불고기용(300g), 삶은 시래기(3컵), 표고버섯(2개), 양파($\frac{1}{2}$개), 대파(1대=10cm)

선택 재료
팽이버섯($\frac{1}{2}$줌)

육수 재료
다시마(1장=10×10cm), 국물용 멸치(10마리)
Tip 멸치는 내장을 제거해 준비해요.

불고기 양념장
설탕(1.5)+간장(3.5)+다진 파(1)+다진 마늘(0.5)+참기름(0.3)+후춧가루(약간)

양념
국간장(1), 다진 마늘(0.3), 소금(약간), 후춧가루(약간)

1
냄비에 찬물(5컵)과 **육수재료**를 넣고 센 불에서 끓어오르면 다시마는 건지고 중약 불로 줄여 멸치는 10분간 더 끓여 건지고,

2
쇠고기는 한입 크기로 썰어 **불고기 양념장**에 버무리고,

3
시래기는 4cm 길이로 자르고, 표고버섯과 양파는 채 썰고,

4
대파는 어슷 썰고, 팽이버섯은 밑동을 자르고,

5
전골냄비에 손질한 재료를 둘러 담은 뒤 육수와 국간장(1), 다진 마늘(0.3)을 넣고,

6
중간 불에 올려 끓어오르면 소금, 후춧가루로 간해 마무리.

복날에 챙겨 드세요 **오리전골**

복날이라고 삼계탕만 먹긴 지겹죠?
오리 로스 한 팩 사서 구워도 먹고 전골로도 끓여보세요.
푸짐한 건더기 먼저 건져 먹고 칼칼한 국물로 땀 한번 쭉 빼면 복달임 끝!
곱창전골처럼 진득한 맛이라 우동 사리를 더해도 잘 어울려요.

3인분

필수 재료
오리 로스(350g), 새송이버섯(1개), 당근($\frac{1}{3}$개), 애호박($\frac{1}{3}$개), 부추($\frac{1}{2}$줌)

선택 재료
배추(3장), 청양고추(1개)

육수 재료
물(4컵), 국물용 멸치(10마리), 다시마(1장=5×5cm), 양파($\frac{1}{4}$개)
Tip 멸치는 내장을 제거해 준비해요.

밑간
소금(0.1), 후춧가루(약간), 생강즙(1)

양념장
고춧가루(3)+청주(1)+국간장(1)+다진 마늘(1)+된장(1)

1

육수 재료를 냄비에 넣고 끓으면 다시마를 건진 뒤 중간 불에서 15분간 끓여 체에 거르고,

2

오리 로스는 **밑간**하고, **양념장**을 만들고,

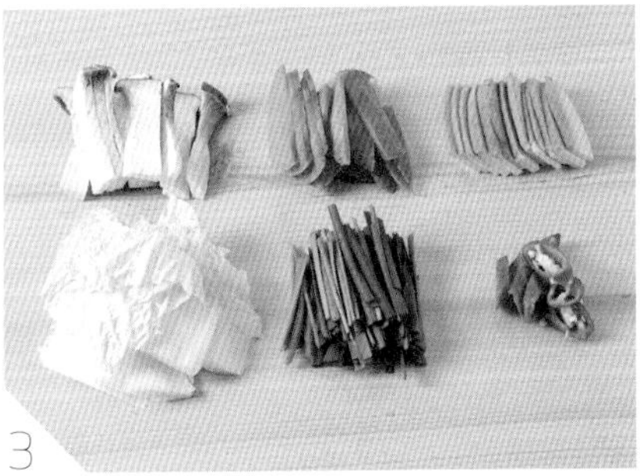

3

버섯, 당근, 애호박, 배추는 한입 크기로 납작 썰고, 부추는 6cm 길이로 썰고, 고추는 어슷 썰고,

4

부추와 고추를 제외한 모든 재료들을 냄비에 둘러 담고 양념장과 육수를 넣고,

5

중간 불로 오리가 완전히 익을 때까지 10분간 끓인 뒤 부추와 고추를 얹어 마무리.

PART 4
밑반찬

늘 먹는 밑반찬에 작은 노하우를 더하면 얼마나 특별해지는지 몰라요.
생생한 그 노하우, 여기 다 공개했어요.
콩나물, 감자 등 평범한 식재료로 만드는 일상 반찬부터 제철 식재료로 무쳐내는 별미 반찬까지,
매번 먹어도 입맛 돋우는 각종 밑반찬들만 쏙쏙 담았답니다.

바다의 영양을 그대로 담은 **파래무생채**

영양이 풍부해 바다의 보약이라 불리는 파래!
아삭한 무와 함께 새콤달콤하게 무치면 파래 싫어하는 아이들도 잘 먹어요.
생파래는 소금물에 빨래하듯 문질러 씻어야 비린내가 나지 않아요.

4인분

필수 재료
생파래(1줌=120g),
무($\frac{1}{3}$토막=50g)

양념
소금(0.3)

양념장
식초(2.5)+설탕(1.2)+
고춧가루(0.2)+
국간장(0.5)+
다진 마늘(0.2)+
다진 대파(0.4)+
참깨(0.2)

쓴맛과 불순물을
제거하는
과정이에요.

1

생파래는 소금(0.3)을 넣고 주물러 씻은 뒤 찬물에 헹구고,

2

3~4등분으로 썰고,

3

무는 채 썰고,

4

양념장을 만들고,

5

양념장에 생파래와 무를 넣고 버무려 마무리.

아이들도 좋아하는
달달 나물

유채나물된장무침

달착지근하고 아삭아삭한 유채나물.
봄철 맛이 가장 좋은 유채나물을 꼭 챙겨 드세요.
쓴맛이 없고 고소해 아이들도 거부감 없이 잘 먹는답니다.
딱 10초만 데쳐 식감을 살리고 물기를 꼭 짠 뒤 양념에 버무려야 간이 맞아요.

2인분

필수 재료
유채나물(3줌)

양념
소금(0.1)

양념장
참깨(0.2)+다진 파(2)+
된장(2)+고추장(0.7)+
올리고당(1.5)+
참기름(0.3)

1

유채나물은 흐르는
물에 씻은 뒤 끓는
소금물(물5컵+소금0.1)에
10초간 데치고,

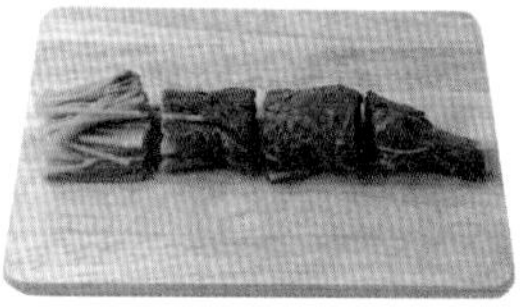

2

찬물에 헤우거 물기를 꼭 짜
한입 크기로 썰고,

3

양념장을 만들고,

4

데친 유채나물과 양념장을
버무려 마무리.

없던 밥맛도 살려주는 **깻잎무침**

데치지 않고 겉절이처럼 가볍게 만들었어요.
짭조름하게 간이 금방 배서 밥반찬 하기 좋아요.
깻잎이 서로 들러붙지 않도록
한 장씩 살살 달래가며 무쳐주세요.

3~4인분

필수 재료
양파($\frac{1}{2}$개), 당근($\frac{1}{6}$개),
깻잎(30장)

양념장
고춧가루(1)+간장(4)+
매실액(2)+다진 마늘(0.5)+
참기름(0.7)+참깨(0.2)

1

양파, 당근은 곱게 채 썰고,
깻잎은 한입 크기로 썰고,

2

양념장을 만들고,

3

모든 재료에 양념장을 넣고 무쳐 마무리.

냉장고에 쟁여둬요 **쥐포무침**

식탁이 허전할 때, 매콤 달달한 맛으로
젓가락 가기 좋은 간단한 밑반찬이랍니다.
미리 데친 뒤 한 번 더 볶아 질기지 않고요.
도시락 반찬으로도 만만하지요!

4인분

필수 재료
쥐포(손바닥 크기 5장)

선택 재료
쪽파(2대)

양념
소금(0.3)

양념장
간장(0.5)+다진 마늘(0.2)+
고추장(1)+올리고당(1)+
참깨(0.3)+참기름(0.3)

1

쥐포는 한입 크기로 자르고,
쪽파는 쥐포 길이로 썰고,

2

끓는 소금물(물2컵+소금0.3)에
쥐포를 넣어 살짝 데쳐 건지고,

3

쥐포와 **양념장**을 버무리고,

4

팬에 식용유를 두르고 쥐포를
약한 불에 40초간 볶다가
쪽파를 섞듯이 볶아 마무리.

판타스틱 듀오

우엉당근조림

뿌리채소들은 제철인 겨울에 단맛이 나고 맛있어요.
우엉과 당근 딱 두 가지로 밑반찬을 만들어보세요.
참치액을 약간 넣으면 일식 느낌이 물씬 난답니다.
남으면 김밥 재료로 활용해도 좋아요.

4인분

필수 재료
우엉(1대=50cm), 당근($\frac{1}{3}$개)

양념장
설탕(1.5)+간장(2.5)+참치액(0.5)+물($\frac{1}{2}$컵)+생강즙(0.3)

양념
올리고당(1), 참깨(0.2)

1

우엉은 감자칼로 껍질을 벗겨 5cm 길이로 등분해 얇게 채 썰고,

2

당근도 우엉과 비슷한 크기로 채 썰고,

3

팬에 식용유(1)를 둘러 우엉과 당근을 중간 불로 40초간 볶다가 **양념장**을 부어 고루 저어가며 익히고,

4

물기가 없어지면 **양념**을 넣고 센 불에서 고루 섞은 뒤 불을 꺼 마무리.

꽈리고추로 맛을 살린

고추감자조림

포근한 감자조림에 꽈리고추를 넣어 매콤한 맛을 살짝 더했어요.
꽈리고추는 감자를 조리는 중간에 넣어야 무르지 않고 적당히 아삭해요.
입맛 없는 날 만들면 좋은 만만한 밑반찬이에요

3인분

필수 재료

감자(2개),
꽈리고추(1줌=100g)

선택 재료

당근($\frac{1}{3}$개),
다시마(1장=10×10cm)

Tip 당근을 생략할 경우 감자를 반 개 정도 더 넣으세요.

양념

설탕(1), 간장(5),
맛술(2), 다진 마늘(1),
후춧가루(약간),
물엿(1.5), 참기름(1),
참깨(0.3)

1

껍질 벗긴 감자와 당근은 큼직하게 썰고, 꽈리고추는 포크나 이쑤시개로 찔러 구멍을 내고,

2

중간 불로 달군 팬에 식용유(1.5)를 둘러 감자와 당근을 넣어 볶고,

3

감자 가장자리가 투명해지면 물(1컵), 다시마, 설탕(1), 간장(5), 맛술(2), 다진 마늘(1), 후춧가루를 넣어 끓이고,

4

국물이 반 이상 줄어들면 꽈리고추를 넣어 조리고,

5

국물이 $\frac{1}{4}$분량 정도로 줄면 물엿(1.5), 참기름(1)을 넣어 살살 뒤적여가며 조린 뒤 불을 끄고 참깨(0.3)를 뿌려 마무리.

고소한 들깻가루 입은 **오이나물**

생으로 먹는 게 익숙한 오이를 소금에 절여 볶았어요.
여기에 들깻가루까지 더하니
고소하면서도 짭짤한 게 간이 딱 맞네요.
비빔밥으로 즐겨도 좋고,
간을 약하게 하면 아이 반찬으로도 좋아요.

2인분

필수 재료
오이(1개)

선택 재료
실고추(약간)

양념
소금(0.2), 참기름(0.5),
다진 마늘(0.3),
들깻가루(1),
부순 참깨(0.5)

1

오이는 길게 반 갈라 길게 어슷 썰고,

2

소금(0.2)에 버무린 뒤 숨이 죽으면 물기를 짜고,

3

센 불로 달군 팬에 식용유(0.5), 참기름(0.5)을 두른 뒤 오이와 다진 마늘(0.3)을 넣어 재빨리 볶고,

4

들깻가루(1)와 참깨(0.5)를 넣어 고루 섞고 실고추를 뿌려 마무리.

쫄깃한 식감이 매력적인

구운가지나물

가지나물은 물컹거려서 싫다고 하셨던 분들 주목~
가지를 마른 팬에 구워 양념하면
꼬들꼬들한 식감이 정말 좋답니다.
진간장 대신 국간장으로 간해야 감칠맛이 살아요.

2인분

필수 재료
가지(2개)

양념장
소금(0.1)+국간장(0.5)+
다진 파(0.5)+
다진 마늘(0.2)+
참기름(1)+참깨(약간)

1

가지는 1cm 두께로 어슷 썰고,

2

중간 불로 달군 마른 팬에
앞뒤로 노릇하게 굽고,

3

양념장을 만들고,

4

한 김 식힌 가지에 양념장을
넣고 고루 버무려 마무리.

감칠맛 만점 **애호박새우젓볶음**

꼭 절반은 남는 애호박! 새우젓으로 간해 볶아보세요.
자극적이지 않아 아이들도 잘 먹고요.
얇게 썬 애호박이 부드러우면서
살캉살캉한 식감이 살아 있어요.

3인분

필수 재료
애호박($\frac{1}{2}$개),
양파($\frac{1}{2}$개), 쪽파(3대)

양념
다진 마늘(1),
새우젓(0.7), 참깨(0.5)

1 애호박은 반달 모양으로 납작 썰고, 양파는 채 썰고, 쪽파는 4cm 길이로 썰고,

2 중간 불로 달군 팬에 식용유(1)를 두른 뒤 애호박, 양파, 다진 마늘(1)을 볶고,

3 양파가 투명해지기 시작하면 새우젓(0.7)을 넣어 재빨리 섞고,

4 쪽파를 넣고 살짝 더 볶은 뒤 참깨(0.5)를 뿌려 마무리.

국민 밑반찬이 봄 별미로! **풋마늘어묵볶음**

어묵볶음에 풋마늘로 향긋함을 더해보세요.
늘 먹던 반찬이 봄 별미가 돼요.
마늘과 대파의 딱 중간 느낌!
첫맛은 알싸한데 달큰함이 스치고요.
양념을 많이 안 써도 맛이 딱 잡히네요.

2인분

필수 재료
어묵(3장), 풋마늘(2대)

양념장
맛술(0.5)+간장(1)+올리고당(0.5)

양념
참깨(0.2), 참기름(0.2)

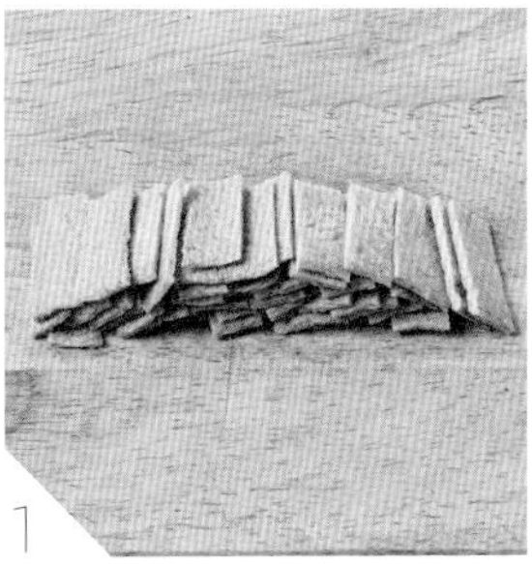

1 어묵은 길쭉하게 한입 크기로 썰고,

2 풋마늘은 길게 갈라 어묵과 같은 길이로 썰고,

3 중간 불로 달군 팬에 식용유(0.5)를 둘러 어묵과 풋마늘을 1분간 볶고,

4 **양념장**을 넣어 물기 없이 볶고 **양념**을 섞어 마무리.

샌드위치 맛이 나네?

햄치즈달걀말이

흔한 달걀말이에 치즈와 햄을 넣었어요.
양파, 쪽파를 넣은 것과는 또 다른
담백하고 고소한 맛이 살아 있어요.
밥반찬은 물론 술안주로도 잘 어울린답니다.

2인분

필수 재료
달걀(4개), 샌드위치용 햄(2장), 슈레드 모차렐라치즈($\frac{1}{2}$컵)

양념
소금(0.1), 후춧가루(약간)

1

달걀은 **양념**을 넣어 곱게 풀고,

2

중간 불로 달군 팬에 달걀물($\frac{1}{3}$분량)을 부어 고르게 펼치고,

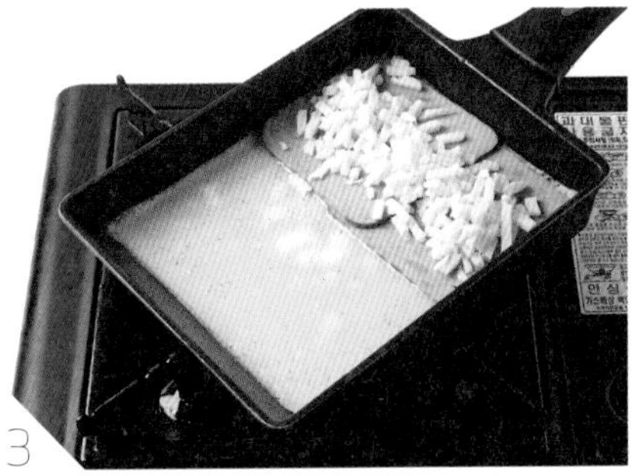

3

반 정도 익으면 햄 → 모차렐라치즈 순으로 얹고,

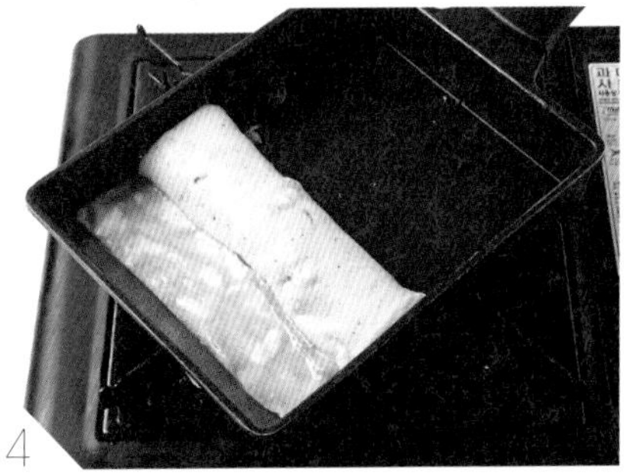

4

속재료가 새어나오지 않도록 조금씩 말아가며 굽고,

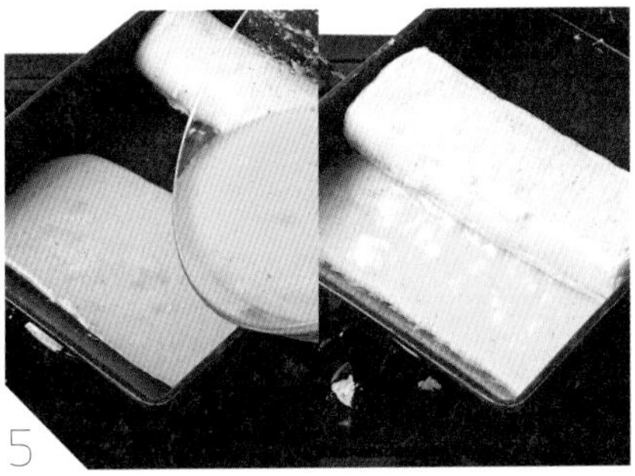

5

달걀말이를 한쪽으로 밀고 남은 달걀물의 절반을 부어 굽고 마는 과정을 두 번 반복하고,

6

살짝 식혀 먹기 좋게 썰어 마무리.

엄마가 생각나는 구수한 밑반찬 **꽈리고추찜**

아삭아삭하면서도 촉촉하고
고추의 알싸한 맛 때문에 은근 밥도둑 메뉴예요.
입맛이 뚝 떨어진 날,
밥에 하나씩 얹어 먹으면 입맛을 돋워줘요.

4인분

필수 재료
꽈리고추(6줌=300g),
밀가루($\frac{1}{3}$컵)
Tip 너무 크지 않은 것으로 준비하세요.

양념장
고춧가루(0.6)+
간장(0.5)+
국간장(0.5)+물(3)+
다진 파(0.6)+
다진 마늘(0.2)+
참기름(0.3)+
부순 참깨(0.2)

1
꽈리고추는 깨끗이 씻어 물기가 있을 때 밀가루를 고루 묻히고,
Tip 비닐봉지에 밀가루와 꽈리고추를 넣어 입구를 막고 흔들어주세요.

뚜껑을 열어보아 꽈리고추 겉에 묻은 밀가루가 반투명해지면 꺼내요.

2
김 오른 찜통에 물기를 꼭 짠 면포를 깔고 꽈리고추를 올려 뚜껑을 덮어 센 불로 5분간 찌고,

3
양념장을 고루 섞고,

4
꽈리고추가 식기 전에 양념장을 넣고 고루 무쳐 마무리.

남은 간장까지 알뜰하게 **쇠고기메추리알 장조림**

질기지 않고 부드러운 장조림의 비법은
고기가 완전히 익은 뒤 양념장을 넣는 것.
남은 간장은 조림이나 볶음요리에 맛간장으로 사용해보세요.
따뜻한 밥에 버터와 함께 슥슥 비벼 먹는 간장버터밥으로도 변신이 가능해요.

4인분

필수 재료
쇠고기 홍두깨살(200g), 삶은 메추리알(30개)

고기 삶는 재료
양파($\frac{1}{4}$개), 대파 파란 부분(1대), 마른 고추(1개), 마늘(5쪽), 생강(1톨)

조림장
간장($\frac{1}{3}$컵)+설탕(1.5)+청주(2)

1 쇠고기는 핏물을 닦아내 결 방향으로 5cm 길이로 자르고,

젓가락으로 찔러서 확인해요.

2 냄비에 물(4컵)과 고기를 넣고 중간 불에서 끓으면 **고기 삶는 재료**를 넣고 중약 불로 줄이고,

3 고기가 부드럽게 익으면, 고기를 건지고 국물도 체나 면포에 깨끗이 거르고,

4 냄비에 고기 삶은 물과 **조림장**, 고기, 메추리알을 넣고 중약 불에서 국물이 반 정도 남을 때까지 조려 마무리.

향긋한 밑반찬 **냉이무침**

가격도 저렴하고 영양도 풍부한 냉이가 봄 밥상에 빠질 수 없죠?
입맛 제대로 살아나도록 매콤새콤한 빨간 양념장에 조물조물 무쳤어요.
구수한 된장으로 깊은 맛 더하고
식초, 매실액을 넣어 새콤달콤한 맛을 살렸답니다.
나른해지는 봄철, 입맛과 체력 돋우는 최고의 반찬이에요.

4인분

필수 재료
냉이(3줌=200g)

양념
소금(0.3)

양념장
고춧가루(0.5)+
식초(1)+매실액(2)+
고추장(2)+된장(0.5)+
다진 마늘(0.7)+
다진 파(1)+
참기름(0.5)+참깨(0.5)

1

냉이는 흙을 털어내 뿌리와 잎 사이를 칼로 긁어 깨끗이 씻고,

2

물기를 털어낸 뒤 뿌리가 굵은 것은 길게 반 가르고,

3

끓는 소금물(물4컵+소금0.3)에 냉이를 넣고 40~50초 정도 데쳐 찬물에 헹궈 물기를 꼭 짜고,

4

양념장을 만들고,

5

양념장에 데친 냉이를 넣고 조물조물 무쳐 마무리.

꾸준한 단골 반찬 **양념깻잎**

말 안 해도 누구나 아는 밥도둑 메뉴!
불 없이 자르고 섞고 발라 완성해요.
만든 날에는 그만의 풋풋한 매력이 있고요.
며칠 더 두면 맛이 진하게 들면서
양념이 넉넉해져 밥이랑 쿵짝이 딱 맞아요.

3인가족 4끼 분량

필수 재료
깻잎(70장), 양파($\frac{1}{4}$개), 대파(2대=20cm)

선택 재료
홍고추(2개)

양념장
고춧가루(5)+간장(10)+액젓(2)+물(6)+올리고당(1)+참깨(0.5)

1

깻잎은 물에 헹군 뒤 겹치지 않게 엎어 물기를 빼고,

2

양파와 대파는 짧게 채 썰고, 홍고추는 반을 갈라 씨를 제거한 뒤 짧게 채 썰고,

3

양념장에 썬 채소를 넣어 섞고,

4

깻잎을 겹친 뒤 줄기가 2cm 정도 남게 자르고,

5

깻잎을 2~3장 깔고 양념을 얹어 펴 바르는 과정을 반복해 마무리.

Tip 절반 정도 쌓다가 꼭지 부분을 반대쪽으로 쌓아야 쏠리지 않아요.

Tip 만들어 바로 먹거나 반나절 이상 숙성해 드세요.

무치지 말고 볶아서 즐겨요 **콩나물볶음**

가격 저렴한 콩나물, 콩 비린내 때문에 데칠 때 은근 신경 쓰였죠?
들기름에 콩나물을 고소하게 코팅하고, 향긋한 대파와 함께 볶아내면 팬 하나로 조리가 끝나요.
콩나물의 아작한 식감도 살아 있고 매콤하고 따뜻해서 밥과 잘 어울려요.
쫄깃한 버섯이나 맛살을 더해도 좋아요.

4인분

필수 재료
콩나물(4줌=320g),
대파($1\frac{1}{2}$대=15cm)

양념
들기름(1.5), 다진
마늘(0.5), 고춧가루(0.8),
국간장(0.5), 소금(0.1),
참깨(1)

1 콩나물은 지저분한 것을 다듬어 깨끗이 헹궈 물기를 뺀 뒤 비닐팩에 들기름(1.5)과 함께 넣고 흔들어 코팅하고,

2 대파는 송송 썰고,

3 팬에 식용유(1)를 두른 뒤 다진 마늘(0.5)과 고춧가루(0.8)를 넣어 약한 불에서 볶고,

4 기름에 고춧가루의 붉은 색이 배어 나오면 콩나물을 넣어 센 불로 올려 뒤적이며 볶고,

5 콩나물의 숨이 죽기 시작하면 대파와 국간장(0.5), 소금(0.1)을 넣어 조금 더 볶고,

6 불을 끄고 참깨(1)를 뿌려 마무리.

국민 밑반찬의 대동단결

어묵감자볶음

반찬 투정하는 아이들도 잘 먹는
어묵, 감자볶음을 하나로 합쳤어요.
짭조름한 양념장이 쏘옥 밴 어묵과
포슬포슬한 감자를 쏙쏙 골라 먹는 재미가 있답니다.
식어도 맛있어서 도시락 반찬으로도 잘 어울려요.

2인분

필수 재료

감자(1개), 사각어묵(2장),
대파(1대=10cm)

양념장

설탕(0.5)+간장(1.5)+
다진 마늘(0.3)+
참기름(0.3)+참깨(0.3)+
후춧가루(약간)

1

감자는 껍질을 벗겨 납작 썬 뒤 물에 헹궈 전분기를 제거하고,

2

어묵은 채 썰고, 대파는 어슷 썰고,

3

팬에 식용유(1)를 둘러 약한 불에서 감자를 넣어 볶다가 겉이 투명해지면 물($\frac{1}{2}$컵)을 넣고 물기가 없어질 때까지 볶고,

4

어묵을 넣어 1분간 함께 볶고,

5

양념장과 대파를 넣어 물기가 없어질 때까지 볶아 마무리.

소박한 시골의 맛

열무새송이들깨볶음

열무를 볶았더니 시금치와는 다른 아삭하고 풋풋한 매력이 있네요.
국간장으로 양념하면 육수를 낸 것처럼 깊고 진한 맛이 나고요.
들깻가루로 구수한 매력까지 더했어요.
고추장만 넣고 밥을 비벼 먹어도 맛있답니다.

3인분

필수 재료
열무(2포기),
새송이버섯(1개)

양념
소금(0.2+약간),
국간장(0.5), 다진
마늘(0.2), 들깻가루(2)

1

열무는 깨끗이 씻어 헹군 뒤 4cm 길이로 썰어 끓는 소금물(물3컵+소금0.2)에 10초간 데쳐 물기를 빼고,

2

새송이버섯은 길게 4등분해 납작 썰고,

3

중간 불로 달군 팬에 식용유(1)를 둘러 새송이버섯을 볶고,

4

버섯의 숨이 죽고 물기가 배어 나오면 열무와 국간장(0.5), 다진 마늘(0.2), 소금을 넣고,

5

1분간 볶은 뒤 들깻가루(2)를 넣고 골고루 섞어 마무리.

가지로 영양을 꽉 채운

돼지고기가지볶음

영양 만점 가지를 어떻게 요리할까 고민이었다면
요렇게 짭조름하게 고기랑 볶아보세요.
술안주하기도 참 좋고요.
가지를 한 번 구워내기 때문에 쫄깃함이 살아 있어요.

3인분

필수 재료

돼지고기(볶음용 200g),
가지(1개),
대파(1대=10cm),
마늘(5쪽)

선택 재료

마른 고추(1개),
납작 썬 생강(1톨)

고기 밑간

생강술(1), 간장(0.5),
후춧가루(0.1)

Tip 생강술이 없을 땐 청주(2)와 다진 생강(0.3)을 바로 섞어 사용하세요.

양념장

고춧가루(1)+간장(2.5)+
맛술(1)+고추장(0.5)+
올리고당(3)+
참기름(0.5)+
후춧가루(0.1)

1

돼지고기는 한입 크기로 썰어 키친타월에 받쳐 가볍게 핏물을 뺀 뒤 **고기 밑간**에 버무리고,

2

가지는 길게 반 갈라 0.5cm 두께로 어슷 썰고, 마른 고추는 가위로 작게 자르고, 대파는 송송 썰고, 마늘은 납작 썰고,

3

양념장을 만들고,

4

센 불로 달군 마른 팬에 가지를 앞뒤로 노릇하게 구워 꺼내고,

5

중간 불로 줄여 식용유(1.5)를 두른 뒤 마른 고추와 대파, 마늘, 생강을 볶다가 향이 나면 밑간한 돼지고기를 볶고,

6

고기 색이 전체적으로 변하면 구운 가지와 양념장을 넣어 간이 배도록 볶아 마무리.

양념장이 익숙해 **꼬막볶음**

3월이 마지막 제철! 꼬막을 볶아도 봤어요.
빨간 양념장을 올린 꼬막찜도 좋지만
아이들이 먹긴 좀 맵잖아요.
달큰한 양념장에 볶으면 밥이랑 먹기 딱 좋고요.
쌈 싸 먹어도 맛이 기가 막혀요.

4인분

필수 재료
꼬막(700g), 당근($\frac{1}{4}$개=50g), 양파($\frac{1}{4}$개), 쪽파(3대)

양념
소금(1), 간장(2), 다진 마늘(0.3), 올리고당(1), 참깨(0.2), 참기름(0.3), 후춧가루(약간)

1

꼬막은 비벼 씻은 뒤 소금물(물5컵+소금1)에 담가 2시간 해감하고,

2

냄비에 꼬막이 잠길 정도로 물을 붓고 끓으면 꼬막을 넣고 한쪽 방향으로 저어가며 익히고,

3

꼬막 입이 2~3개 정도 벌어지기 시작하면 건져 살만 바르고,

4

당근은 5cm 길이로 채 썰고, 양파도 채 썰고, 쪽파도 비슷한 길이로 썰고,

5

중간 불로 달군 팬에 식용유(0.5)를 둘러 양파와 당근을 볶고,

6

꼬막, 간장(2), 다진 마늘(0.3), 올리고당(1)을 넣어 물기가 없어지도록 볶고,

7

쪽파를 넣고 가볍게 볶아 불을 끈 뒤 참깨(0.2), 참기름(0.3), 후춧가루를 섞어 마무리.

재료만 살짝 바꾼 **콜라비오징어무침**

오징어에 무 대신 매운맛 없는 콜라비를 더해 매콤새콤하게 무쳤어요.
콜라비는 씹을수록 시원하고 달달한 맛에 양배추보다 비타민 C가 무려 10배!
술안주하기도 참 좋고요.
반찬이 마땅치 않은 날 충무김밥처럼 차려도 좋아요

2인분

필수 재료
콜라비($\frac{1}{3}$개),
쪽파(2대), 청양고추(1개)
손질한 오징어(1마리),

양념
소금(0.6)

양념장
설탕(0.3)+고춧가루(1)+
식초(1.5)+올리고당(1)+
고추장(2)+
다진 마늘(0.3)+
다진 생강(0.1)+
참깨(0.2)

1

콜라비는 껍질을 벗겨 한입 크기로 납작 썬 뒤 소금(0.3)에 20분간 절여 물기를 짜고,

2

쪽파는 4cm 길이로 썰고, 청양고추는 어슷 썰고,

3

끓는 소금물(3컵+소금0.3)에 오징어를 넣어 살이 하얗게 변할 때까지 데치고,

4

데친 오징어는 한입 크기로 썰고,

5

양념장에 모든 재료를 넣고 고루 무쳐 마무리.

밥과 함께 슥슥 비비는 **순두부달걀찜**

입안이 깔깔해 입맛 없을 때
갓 지은 흰 쌀밥에 얹어 비비면 한 그릇 금세 뚝딱 비워요.
순두부를 넣어 어찌나 보들보들한지!
씹을 필요도 없이 술술 넘어간답니다.
물 대신 다시마 육수를 넣으면 더 깊은 맛이 나요.

2인분

필수 재료
당근($\frac{1}{8}$개),
통조림 햄($\frac{1}{6}$캔=30g),
달걀(2개),
순두부(1봉=400g)
Tip 대파, 버섯 같은 자투리 채소를 활용해도 좋아요.

양념
소금(0.3), 참기름(0.5)

1
당근과 햄은 곱게 다지고,

2
볼에 달걀(2개)과 물($\frac{1}{2}$컵)을 넣고 곱게 푼 뒤 체에 거르고,
Tip 체에 거르면 더 부드러워요. 생략해도 돼요.

3
순두부와 소금(0.3)을 넣어 포크로 굵게 으깨고,

4
내열 그릇 2개에 나눠 담은 뒤 손질한 재료를 올리고 랩을 씌워 포크로 구멍을 뚫고,

5
전자레인지에 2분씩 2번 돌린 뒤 참기름(0.5)을 둘러 마무리.

만만한 재료들로 의기투합! **콩나물두부찜**

콩나물 한 봉지, 두부 반 모를 썰어 넣었더니
아구찜 느낌이 슬쩍 나는 매콤한 찜이 완성!
재료는 간단한데 결과물은 풍성하죠?
채소에서 수분이 나와 국물이 넉넉하니까
밥이랑 슥슥~ 칼칼한 술안주로도 좋아요!

4인분

필수 재료

두부($\frac{1}{2}$모), 양파($\frac{1}{2}$개),
대파(1대=10cm),
콩나물(2줌)

양념장

설탕(0.3)+
고춧가루(2)+간장(5)+
국간장(2)+다진 마늘(1)+
참기름(1)+참깨(0.2)

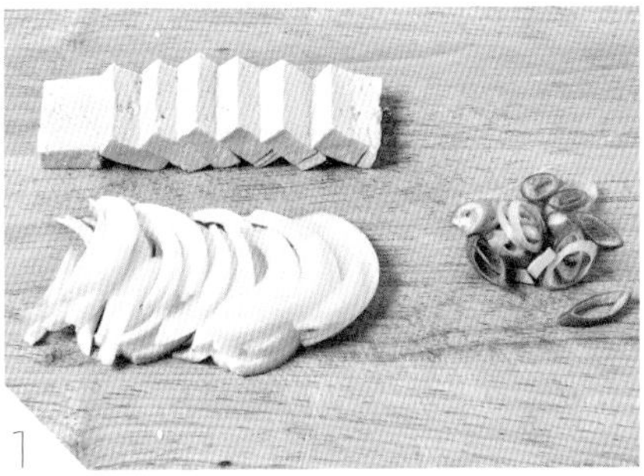

1

두부는 도톰하게 납작 썰고, 양파는 채 썰고,
대파는 어슷 썰고,

2

양념장을 만들고,

3

냄비에 양파, 두부 순으로 넣은 뒤
양념장($\frac{1}{2}$분량)을 끼얹고,

익으면서 채소에서
물이 나와 국물이
넉넉해져요.

4

콩나물과 나머지 양념장, 물(1컵)을 넣고 뚜껑을
덮어 중간 불로 8분간 끓이고,

5

대파를 얹고 뚜껑을 열어 2분간 더 끓여 마무리.

소박한 재료로 특별하게

무채부침개

무와 양파밖에 안 넣었는데 왜 이렇게 맛있죠?
살짝 심심한데 자꾸만 당기는 맛. 양념장에 콕 찍어 먹으면 끝없이 들어간답니다.
얇게 부칠수록 식감이 더 좋고요.
식어도 맛있어서 도시락 반찬으로도 좋아요.

2인분

필수 재료
무($1\frac{1}{2}$토막=225g),
밀가루(4), 부침가루(1)

선택 재료
양파($\frac{1}{5}$개)

양념
소금(약간)

양념장
설탕(1)+고춧가루(0.5)+
간장(2)+식초(0.5)

1 무와 양파는 깨끗이 씻어 얇게 채 썰고,

2 볼에 밀가루(4), 부침가루(1), 소금, 물($\frac{2}{3}$컵)을 넣어 반죽하고,
Tip 반죽 상태를 보고 밀가루와 물의 양을 조절! 주르륵 흐를 정도의 농도면 적당해요.

3 무채와 양파를 넣어 고루 섞고,

4 중간 불로 달군 팬에 식용유(2)를 둘러 반죽을 펼쳐 올리고,

5 앞뒤로 노릇하게 부친 뒤 **양념장**을 곁들여 마무리.

PART 5

김치 & 장아찌

한국인 밥상에 절대 빠질 수 없는 김치,
만들기 너무 어렵다고요?
얻어먹는 김치, 사 먹는 김치가 이제 지겹다면 직접 만들어보세요.
반나절 만에 뚝딱 만드는 초간단 장아찌는
반찬 없을 때, 입맛 없을 때 식탁 위에 올리면 제 몫을 톡톡히 한답니다.
김치와 장아찌 만들기, 생각보다 얼마나 쉽고 간편한지 몰라요.

익을수록 더 맛있어 **부추김치**

이맘때 가장 맛있는 부추를 가을까지 즐기는 방법은 바로 부추김치!
파김치보다 맵지 않으면서 부드럽고 고기와 잘 어울려 캠핑 밑반찬으로도 좋답니다.
하루 정도 실온에서 숙성해야 더 맛있고
익힐수록 깊은 맛이 살아나요.

부추1단 분량

필수 재료
부추(1단=500g),
멸치액젓($\frac{1}{3}$컵)

밀가루풀
물(1컵), 밀가루(1.5)

양념
고춧가루($\frac{2}{3}$컵)+
설탕(1.5)+다진 마늘(1)+
다진 생강(0.2)

1

부추는 깨끗이 씻어 물기를 없애고,

2

부추에 멸치액젓($\frac{1}{3}$컵)을 뿌려 30분간 절여 물기를 꼭 짜고,
Tip 부추를 절였던 액젓은 양념에 사용해요.

3

냄비에 **밀가루풀** 재료를 섞고 중약 불에서 덩어리가 풀릴 때까지 끓여 식히고,

4

양념에 부추 절였던 액젓을 섞고,

5

절인 부추에 양념을 고루 버무려 마무리.
Tip 살살 버무려야 풋내가 나지 않아요.

아삭아삭 씹는 맛이 즐거운

미나리콩나물김치

미나리 한 단 사면 항상 남죠?
봄 미나리는 연하고 부드러워
김치를 담가도 잘 어울린답니다.
콩나물을 더해 아삭아삭 씹는 맛이 제대로!
따끈한 밥에 올려 먹으면 밥도둑이 따로 없어요.

4인분

필수 재료

콩나물(4줌=300g),
미나리($1\frac{1}{3}$줌=150g)

양념

소금(0.5)

양념장

설탕(1), 멸치액젓(6),
밥(4), 홍고추(6개),
마늘(4쪽), 생강(1톨),
고춧가루(2)

Tip 멸치액젓 대신 까나리액젓을 사용해도 좋아요.

1

끓는 소금물(물 $\frac{1}{2}$컵+소금0.2)에 콩나물을 넣어 뚜껑을 닫고 5분간 삶아 건져 식히고,

2

미나리는 잎을 떼어내고 줄기만 남겨 5cm 길이로 썰고,

3

끓는 소금물(물3컵+소금0.3)에 미나리를 넣고 3초간 데친 뒤 찬물에 헹궈 물기를 빼고,

4

고춧가루를 제외한 **양념장** 재료를 믹서에 넣어 곱게 갈고,

5

고춧가루(2)를 섞어 양념장을 만들고,

6

콩나물과 미나리에 양념장을 넣고 버무려 마무리.

Tip 바로 먹을 수 있고요. 냉장 보관해 2~3일 내로 먹어야 맛있어요.

새콤함이 물김치에 퐁당!
금귤나박김치

상큼한 금귤을 동동 띄워 물김치를 담갔어요.
며칠을 익혀도 탱탱하고 새콤한 맛과 향이 별미랍니다.
금귤을 가로로 반 갈라 씨를 제거해 넣으니 먹기도 편해요.
만들자마자 바로 먹고 싶을 땐 한 컵당 식초와 설탕을 한 숟갈씩 더하세요.

4인 가족 3~4끼 분량

필수 재료
무(3토막=450g), 알배추($\frac{1}{2}$포기=300g), 쪽파(5대), 금귤(20개), 마늘(3쪽), 생강(1톨)

양념
고운 고춧가루(2), 소금(6.5), 설탕(2.5)

1

무와 알배추는 나박 썰고,

금귤은 가로로 반 갈라 이쑤시개로 씨를 뺐어요.

2

쪽파는 3cm 길이로 썰고, 금귤은 2등분하고, 마늘과 생강은 채 썰고,

3

배추와 무를 물에 헹군 뒤 소금(5)을 뿌려 30분간 절여 물기를 빼고,

Tip 줄기가 두꺼운 배추라면 줄기와 잎을 나눠 썬 뒤 따로 절여요.

4

고춧가루(2)를 면포에 감싸 물(9컵)에 넣고 주물러 색을 낸 뒤 소금(1.5), 설탕(2.5)을 섞어 국물을 만들고,

실온에서 하루 정도 숙성한 뒤 냉장 보관하세요.

5

배추, 무, 쪽파, 마늘, 생강을 고루 섞은 뒤 국물을 붓고 금귤을 넣어 마무리.

청량한 여름 김치

오이백김치

밥상에 시원한 맛을 더해주는 아삭아삭한 오이김치예요.
어떤 반찬이 올라도 백김치 하나면 입안이 상쾌해져요!
송송 썰어 찬밥에 물만 말아 곁들이면 밥도둑이 따로 없네요.

2인 가족 3끼 분량

필수 재료
오이(2개),
굵은 소금(1.5),
무($\frac{2}{3}$토막=100g),
부추($\frac{1}{2}$줌)

양념
설탕(0.3), 액젓(2),
다진 마늘(0.5), 다진
생강(0.2)

소금물
물(1컵)+소금(0.5)

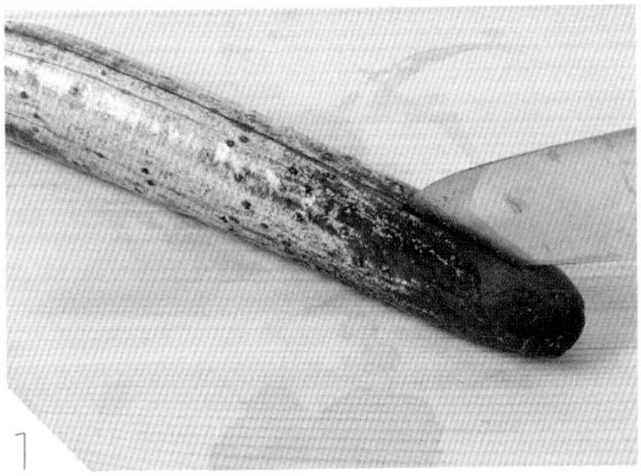

1

오이는 소금으로 문질러 씻어 양끝 2cm를 남기고 칼집을 반대쪽까지 깊게 2번 넣고,

2

물(3)과 굵은 소금(1.5)을 섞어 오이에 뿌린 뒤 30분간 절이고,

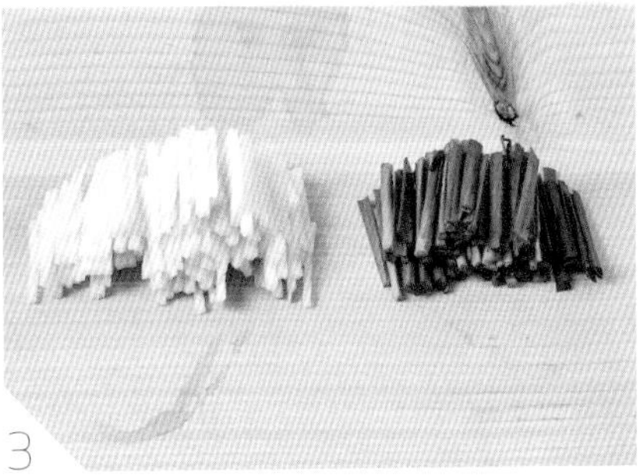

3

무는 4cm 길이로 채 썰고,
부추도 같은 길이로 썰고,

4

무와 부추는 **양념**에 버무리고,

5

오이를 가볍게 눌러 물기를 짠 뒤 칼집 사이에 소를 고루 넣고,

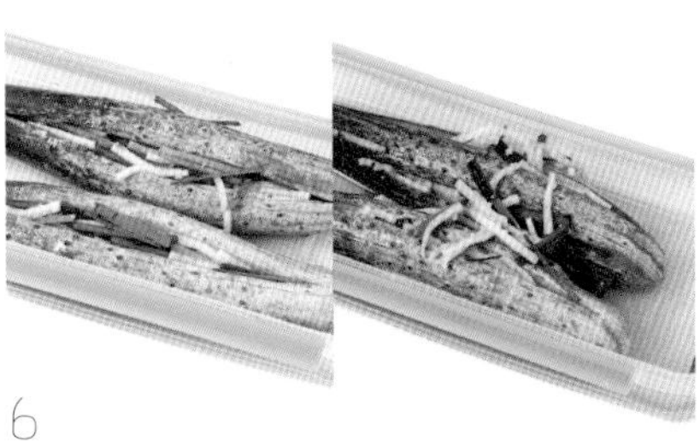

6

오이에 **소금물**을 부어 상온에 하루 두었다가 냉장 보관해 마무리.

여름 김치의 대표주자 **열무물김치**

아삭한 식감과 알싸한 맛이 살아 있는 열무물김치 한 그릇이면 더위가 싹 가셔요.
국물에 소면을 넣어 냉국수로 즐기거나 열무를 잘라 밥과 비비면
무더위에 잃었던 입맛도 살아난답니다.

4인 가족 3~4끼 분량

필수 재료
열무($\frac{1}{2}$단=1kg), 쪽파(6대)

선택 재료
양파($\frac{1}{2}$개), 붉은 고추(1개), 풋고추(2개)

절임물
물(7컵)+소금(1컵)

밀가루풀
물(1컵), 밀가루(1)

국물 재료
마늘(5쪽)+생강(1톨)+양파($\frac{1}{2}$개)+사과($\frac{1}{2}$개)+배($\frac{1}{2}$개)+물(8컵)+고운 고춧가루(2)

양념
소금(3), 설탕(0.3)

1
열무는 뿌리를 잘라내고 6~7cm 길이로 먹기 좋게 등분해 **절임물**에 1시간 정도 절인 뒤 가볍게 흔들어 씻어 물기를 빼고,

2
냄비에 **밀가루풀** 재료를 섞고 중약 불에서 덩어리가 풀어질 때까지 저어가며 끓여 식히고,

3
양파는 채 썰고, 쪽파는 4cm 길이로 썰고, 고추는 어슷 썰고,

4
국물 재료를 곱게 갈아 면포에 넣고 건더기를 거르고,

5
국물에 밀가루풀을 섞은 뒤 **양념**으로 간을 맞추고,

6
열무, 양파, 고추, 쪽파를 모두 넣어 마무리.
Tip 실온에서 반나절만 익혀 냉장실에 보관하세요.

모양은 투박해도 아삭함은 최고 **섞박지**

함경도 사투리로 섞어 넣는다는 뜻의 섞박지는 무와 배추를 섞어 젓국에 버무려 담가요.
김장김치보다 만들기도 간단하고 아삭아삭 시원한 맛이 여름과 잘 어울린답니다.
톡 쏘는 매콤새콤 김칫국물도 놓치지 마세요.

4인 가족 6~7끼 분량

필수 재료
알배추(2포기=1kg), 무($\frac{1}{2}$개=500g), 쪽파(5대)

선택 재료
부추(1줌=50g), 배($\frac{1}{4}$개), 사과($\frac{1}{4}$개), 양파($\frac{1}{2}$개)

찹쌀풀
물($\frac{1}{2}$컵), 찹쌀가루(1.5)

절임 양념
굵은 소금(배추절임용 $\frac{1}{3}$컵, 무절임용 $\frac{1}{4}$컵)

김치 양념
고춧가루($\frac{2}{3}$컵), 붉은 고추(5개), 새우젓(2), 멸치액젓(3), 마늘(4쪽), 생강(1톨), 설탕(1), 소금(0.5)

1

배추와 무는 한입 크기로 나박 썰어 각각 소금을 뿌려 배추는 40분, 무는 20분간 절인 뒤 씻어 체에 밭치고,

2

쪽파와 부추는 4~5cm 길이로 자르고,

3

냄비에 **찹쌀풀** 재료를 풀어 중약 불에서 덩어리가 풀어질 때까지 저어가며 끓여 식힌 뒤 고춧가루($\frac{2}{3}$컵)와 섞어두고,

4

배, 사과, 양파는 껍질을 벗겨 믹서에 곱게 갈아 즙만 거르고,

5

거른 즙에 붉은 고추, 새우젓(2), 멸치액젓(3), 마늘, 생강을 넣어 한 번 더 갈고 고춧가루 섞은 찹쌀풀과 섞은 뒤 설탕(1), 소금(0.5)으로 간하고,

6

배추, 무를 넣어 고루 버무린 뒤 쪽파, 부추를 넣고 한 번 더 버무려 마무리.

깔끔하고 시원한 김장김치 **백김치**

아이가 있는 집이라면 고춧가루를 넣지 않은 백김치가 좋아요.
식구가 적다면 2~3포기 정도 조금씩 담가 먹어야 버리는 것 없이 맛있게 먹을 수 있어요.
아삭하고 시원한 배추 맛이 좋고, 개운하면서도 깔끔한 국물도 별미예요.

4인 가족 10~12끼 분량

필수 재료
절인 배추(중간 크기 3포기=5kg), 무(4토막=600g), 쪽파($\frac{1}{4}$단=150g), 생강(2톨), 마늘(3쪽)

선택 재료
대추(5개)

양념
멸치액젓(5), 새우젓(5), 설탕(3.5)

국물
물(16컵)+천일염(4)+설탕(4)

1 절인 배추는 엎어서 뿌리가 위로 가도록 비스듬히 체에 밭쳐 4시간 정도 물기를 빼고,

2 무는 약간 굵게 채 썰고, 쪽파도 비슷한 길이로 썰고,

3 대추는 돌려 깎아 씨를 제거해 곱게 채 썰고, 생강과 마늘도 곱게 채 썰고,

4 무, 쪽파에 **양념**을 넣고 고루 버무린 뒤 대추, 생강, 마늘을 넣어 섞고,

5 배추 잎을 하나씩 들어 소를 조금씩 고르게 펴 바르고 겉의 큰 잎으로 배추를 감싸 김치통에 넣고,

6 **국물**을 부어 실온에서 이틀 정도 숙성시키고 냉장실에 넣어 마무리.

3일 만에 진국의 맛이! **꽈리고추장아찌**

고추장아찌 좋아하는 분들 많으시죠?
풋고추 대신 꽈리고추로 담그면 살짝 알싸하면서 몰캉몰캉 맛있어요.
장아찌는 실온에 하루 정도 두었다가 냉장실이나 서늘한 곳에서 보관하시고요.
3일 뒤 절임물만 걸러 한 번 끓여 식혀 다시 부으면 끝!
장아찌를 송송 썰어 가볍게 참기름에 무치면 별미 반찬이 돼요.

4인 가족 6~7끼 분량

필수 재료
꽈리고추(3줌=300g)

절임물
설탕(1컵), 간장(3컵), 식초(1컵)

1

꽈리고추는 깨끗이 씻어 물기를 제거한 뒤 끝을 살짝 자르거나 이쑤시개로 2~3번 찔러 구멍을 내고,

2

냄비에 설탕, 간장을 넣고 설탕이 녹을 때까지 중간 불에서 끓인 뒤 식초를 부어 끓어오르면 불을 끄고,

3

소독한 유리병에 고추를 담고 **절임물**을 부어 식히고 뚜껑을 덮어 실온에서 3일 정도 숙성한 뒤 냉장 보관해 마무리.
Tip 내열 유리병은 끓는 물에 넣고 소독해 완전히 말려 준비하세요.

Tip

2인분

필수 재료
꽈리고추장아찌(1컵)

양념
참기름(0.5), 참깨(0.2)

꽈리고추장아찌는 고추만 건져 도톰하게 송송 썰고, **양념**을 넣고 버무려 마무리.

흰 쌀밥 위에 척 얹어 한입 **김장아찌**

눅눅해진 김, 버리자니 아깝고 구워 먹자니 맛이 떨어지죠?
이럴 때 만드는 법도 간단하고 맛도 좋은 김장아찌를 만들어보세요.
김의 풍미와 간장 양념이 잘 어우러져요.

4인분

필수 재료
마른 김(50장)
Tip 김은 습도에 예민해서 신문지나 한지에 싸서 서늘한 곳에 보관해주세요.

간장물 재료
마늘(10쪽), 물(5컵), 간장($\frac{1}{2}$컵), 맛술(3), 멸치액젓(2), 올리고당($\frac{1}{2}$컵)

1

마른 김은 $\frac{1}{4}$크기로 잘라 밀폐용기에 담고,
Tip 마른 김은 이물질이 붙어 있는 경우가 있으니 미리 제거해 준비하세요.

2

냄비에 **간장물 재료**를 넣고 센 불에 올려 끓어오르면 중간 불 10분, 약한 불 5분 순으로 끓여 식힌 뒤 면포에 걸러내고,

3

김에 간장물을 넉넉히 붓고,

4

김이 떠오르지 않도록 물주머니를 올려 마무리.
Tip 냉장 보관해 일주일 뒤부터 먹어요. 상에 내기 전 채 썬 붉은고추나 참기름 들기름, 통깨를 곁들이면 더욱 맛있어요

봄의 향기를 오래오래 **달래간장장아찌**

맛과 향이 가득한 봄나물을
장아찌로 만들면 두고두고 먹을 수 있답니다.
간장을 끓여 달래에 붓기만 하면 끝!
영양은 그대로, 매운맛이 빠져 먹기도 좋아요.

4인 가족 3끼 분량

필수 재료
달래(3줌)
Tip 원추리, 곰취, 냉이 등 다양한 봄나물로도 담가보세요.

절임물
설탕($\frac{2}{3}$컵), 물($\frac{2}{3}$컵), 식초($\frac{2}{3}$컵), 간장($\frac{2}{3}$컵)

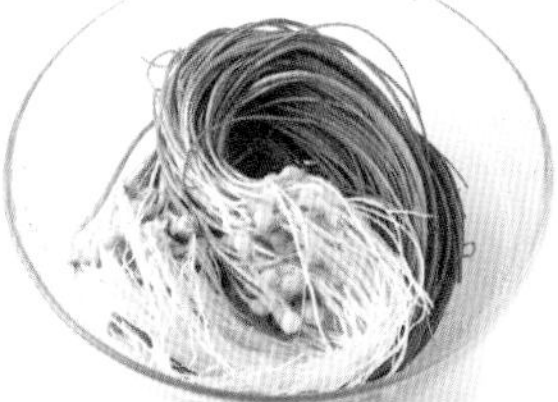

1 달래는 흐르는 물에 씻어 물기를 빼고,

2 **절임물**을 센 불로 끓이고,
Tip 전자레인지에 5분 정도 돌려도 좋아요.

3 달래에 뜨거운 절임물을 부어 마무리.
Tip 상온에 반나절 이상 두어 숙성한 뒤 냉장 보관해요.
Tip 완성된 장아찌는 6개월 정도 보관할 수 있어요.

떠오르는 신흥 밥도둑

바지락장아찌

통통하게 살오른 바지락으로 탱글탱글한 장아찌를 만들었어요.
씹을수록 달콤 짭조름한 감칠맛이 살아나 밥에 얹어 먹기 딱 좋아요.
한 번 만들어두면 일주일은 거뜬하니 마땅한 반찬 없을 때 꺼내 드세요.

4인분

필수 재료
바지락살($1\frac{1}{2}$컵)

양념장
간장($\frac{1}{2}$컵)+
설탕(1.5)+소주(3)+
납작 썬 생강(1톨 분량)

1

바지락살은 물에 헹궈 준비하고,

2

냄비에 물(2컵)을 넣어 끓어오르면 바지락살을 넣고 살짝 데치고,

3

바지락살 데친 물에 **양념장**을 넣어 풀고,

4

중약 불에서 국물이 절반으로 줄어들 때까지 바글바글 끓이고,

5

넓은 볼에 바지락을 담고 양념장을 부어 한 김 식혀 마무리.

고추장에 콕콕 박으면 끝!

더덕고추장장아찌

더덕장아찌는 고추장에 콕콕 박아 두었다가
한 달 뒤 간이 잘 배면 고소한 양념에 무쳐 맛보세요.
고추장 외에는 양념장이 필요 없어 뚝딱 만들어두기 좋아요.

4인 가족 6끼 분량

필수 재료

더덕(300g)

양념

고추장(2kg)

1

더덕은 껍질을 벗겨 깨끗하게 씻고,

2

먹기 좋게 등분해 방망이로 납작하게 두드리고,

Tip 2~3개월 숙성시켜 먹을 것이라면 두드리지 않고 말려도 좋아요.

3

꾸덕꾸덕하게 반쯤 마를 때까지 채반에 올려 말리고,

4

고추장에 섞어 한 달간 숙성시켜 마무리.

Tip 고추장을 담은 병에 더덕을 콕콕 박아도 좋아요.

Tip

한 달 후 맛보기

더덕(1컵)을 꺼내 다진 파(1), 다진 마늘(0.3), 참기름(0.3), 설탕(0.3), 부순 참깨(0.3)를 넣고 고루 무쳐 맛보세요.

PART 6

일품요리

이것저것 만들기 귀찮다면 딱 한 접시로 승부하세요.
고기, 채소, 해산물 등 육해공 가리지 않고
다양하게 활용해 근사한 일품요리를 만들었어요.
입맛 없는 가족을 위해, 갑자기 불쑥 찾아온 친구를 위해,
늦은 밤 후다닥 만드는 안주요리로
딱 맞는 레시피들을 만나보세요.
흔히 먹는 라면과 국수요리를 좀 더 특별하게,
찜, 구이, 볶음요리도 한층 더 근사하게 선보입니다.

무조건 맛보장! 차돌박이냉채

차돌박이는 불만 스쳐도 금세 익어 빠르게 구워내기 좋죠?
고소한 차돌박이에 풋풋한 채소를 더하고
입에 착 붙는 양념장을 끼얹었어요.
채소까지 골고루 맛있게 섭취하세요.

2인분

필수 재료
부추($\frac{1}{2}$줌=50g),
양파($\frac{1}{4}$개),
차돌박이(100g)

선택 재료
방울토마토(10개)

양념
소금(약간),
후춧가루(약간)

양념장
설탕(0.3)+고춧가루(1)+
식초(0.5)+간장(0.5)+
다진 마늘(0.3)+
참기름(0.5)+소금(약간)

1

부추는 4cm 길이로 등분하고,
방울토마토는 반으로 가르고,

2

양파는 곱게 채 썰어 찬물에 담갔다 건져 물기를
빼고,

3

차돌박이는 **양념**을 뿌려 노릇하게 구워 건지고,

4

양념장에 부추, 양파, 방울토마토를 가볍게
섞고,

5

채소를 먼저 깔고
고기를 소복하게
얹어요.

구운 차돌박이와 함께 그릇에 담아 마무리.

정성 들인 만큼 더 맛있는 과일편육겨자채

쫄깃한 아롱사태와 아삭한 과일이 만났어요.
다양한 재료의 맛과 향이 어우러져 입안을 즐겁게 만드네요.
새콤달콤 톡 쏘는 겨자장이 포인트!
입맛 돋울 요리로 손색없답니다.

4인분

필수 재료
아롱사태(600g),
당근($\frac{1}{3}$개), 배($\frac{1}{2}$개),
사과($\frac{1}{2}$개), 오이($\frac{1}{2}$개),
대추(2개), 밤(3개),
콩나물($\frac{1}{2}$줌=40g),
잣(약간)
Tip 고기는 찬물에 30분간 담가 핏물을 뺀 뒤 사용하세요.

고기 삶는 재료
대파(3대=30cm),
마늘(3쪽), 통후추(약간),
소금(약간)

양념
소금(0.4)

겨자장
연겨자(1)+식초(2)+
설탕(1.5)+간장(0.5)
+물(1)

젓가락으로 찔렀을 때 핏물이 나오지 않을 때까지 삶아요.

1

냄비에 물(6컵)과 **고기 삶는 재료**를 넣고 끓어오르면 고기를 넣어 중간 불에서 삶아 건져 식히고,

2

당근, 배는 껍질을 깎고, 사과는 껍질째 각각 6cm로 채 썰고,

3

오이는 같은 길이로 채 썬 뒤 소금(0.1)을 넣어 버무리고,

4

대추는 돌려 깎아 채 썰고, 밤은 납작 썰고,

5

콩나물은 꼬리를 다듬어 끓는 소금물(물3컵+소금0.3)에 넣어 2분 정도 데친 뒤 재빨리 펼쳐 식히고,

6

그릇에 손질한 재료들을 둘러 담고 가운데에 먹기 좋게 썬 고기를 올린 뒤 잣과 **겨자장**을 뿌려 마무리.

불고기를 품은 가지
불고기가지말이

살짝 구워 달달하고 쫄깃해진 가지에 불고기를 가득 채우면 맛도 영양도 퍼펙트!
은은한 깻잎 향이 입안 가득 퍼지네요.
불고기에 간이 되어 있어 단독으로 먹거나 현미밥과 곁들여도 좋아요.

1인분

필수 재료
가지(1개), 깻잎(7장),
쇠고기 불고기용(150g)
Tip 고기는 먹기 좋게 썰어 키친타월에 밭쳐 핏물을 빼 준비해요.

선택 재료
표고버섯(2개)

양념장
간장(1.2)+청주(0.5)+
다진 마늘(0.3)+
올리고당(0.7)+
참기름(0.3)+
부순 참깨(0.3)+
후춧가루(약간)

양념
소금(0.2), 후춧가루(약간)

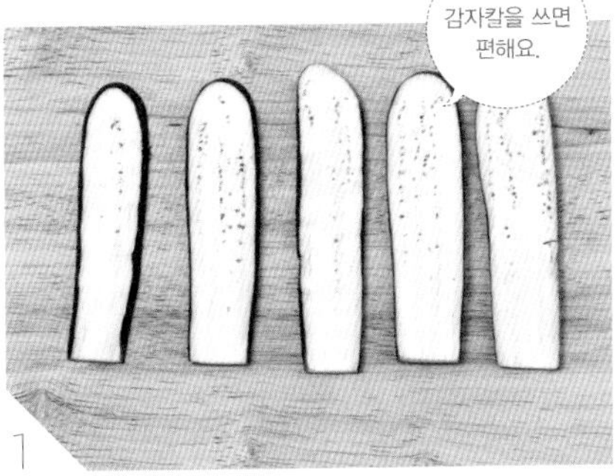
감자칼을 쓰면 편해요.

1 가지는 길고 얇게 썰고,

2 깻잎은 꼭지를 떼고, 표고버섯은 채 썰고,

3 볼에 쇠고기와 버섯, **양념장**을 넣고 버무려 15분간 재우고,

마르지 않도록 물을 조금씩 뿌려가며 구우세요.

4 중간 불로 달군 팬에 식용유(0.5)를 두른 뒤 가지를 앞뒤로 **양념**해 노릇하게 구워 꺼내고,

5 같은 팬에 식용유(0.7)를 두르고 불고기를 물기 없이 볶아 한 김 식히고,

6 깻잎 위에 볶은 고기를 올려 감싼 뒤 구운 가지로 돌돌 말아 마무리.

매콤하게 버무린 보양식 매콤닭무침

푹 삶은 닭에서 살만 발라내
새콤칼칼한 양념장에 버무렸어요.
시원하고 아삭아삭한 식감 사이로 미나리 향이 솔솔~
냉면이나 밥에 곁들여도 맛있어요.

4인분

필수 재료

닭(1마리), 오이($\frac{1}{2}$개),
양파($\frac{1}{2}$개),
미나리($\frac{1}{3}$줌),
홍고추(1개)

Tip 닭은 4등분으로 토막 내 준비해요.

닭 삶는 재료

통후추(0.3),
월계수잎(1장)

양념장

설탕(1.5)+고춧가루(3)+
들깻가루(3)+
간장(3)+식초(3)+
다진 마늘(1)+
참기름(2)+
올리고당(2)+
고추장(1)+
부순 참깨(1)+
후춧가루(약간)

1

냄비에 닭과 **닭 삶는 재료**를 넣고 잠길 만큼 물을 부어 중간 불에서 뚜껑을 열고 40분간 삶고,

2

닭은 건져 살만 발라내고,

3

오이는 길게 반 갈라 어슷 썰고, 양파는 채 썰고, 미나리는 6cm 길이로 썰고, 홍고추는 어슷 썰고,

4

양념장을 만들고,

5

닭은 양념장에 버무리고,

6

채소를 넣고 버무려 마무리.

언제나 환영받는 메인 참나물제육볶음

제육볶음 싫어하는 집 없죠?
고소한 참나물무침을 곁들이면
매운맛도 잡아주고 더 건강하게 고기요리를 즐길 수 있답니다.
양푼에다 다 같이 넣고 슥슥 비벼 먹어도 꿀맛!

2인분

필수 재료
양파($\frac{1}{2}$개),
대파(1대=10cm),
참나물($1\frac{1}{2}$줌),
돼지고기 볶음용(300g)
Tip 고기는 목살이나
삼겹살이 좋아요.

돼지고기 양념장
설탕(1)+고춧가루(1)+
간장(1)+청주(1)+
다진 파(2)+
다진 마늘(2)+
다진 생강(0.3)+
고추장(3)+
부순 참깨(0.3)+
참기름(0.3)+후춧가루(0.1)

참나물 양념장
설탕(0.3)+소금(약간)+
들기름(0.7)+식초(1)

1
양파는 채 썰고, 대파는 어슷 썰고,
참나물은 4cm 길이로 썰고,

2
돼지고기와 양파는 **돼지고기 양념장**에 버무려
10분간 재우고,

넓은 팬에 센 불로
볶아야 물기 없이 바삭하게
볶을 수 있어요.

3
센 불로 달군 팬에 식용유(1.5)를 둘러
양념한 재료를 넣어 고기가 익을 때까지 볶고,

4
대파를 넣어 숨이 죽을 만큼만 살짝 더 볶아
그릇에 담고,

5
참나물은 **참나물 양념장**에 고루 버무린 뒤
고기에 곁들여 마무리.

씹는 맛이 좋아! 늙은호박두루치기

요즘은 늙은 호박도 소분해서 팔지만 그래도 조금씩 남잖아요.
전, 죽으로는 좀 지겹다 싶을 때 두루치기에 넣어보세요.
쫄깃쫄깃~ 목살 사이로 아삭한 맛이 별미예요.

3인분

필수 재료

늙은 호박(150g),
대파(2대=20cm),
깻잎(8장),
돼지고기(목살 350g)

양념장

설탕(1)+고춧가루(1)+
간장(1.5)+
다진 마늘(0.5)+
다진 생강(0.2)+
고추장(3)+참기름(0.3)+
후춧가루(약간)

1

늙은 호박은 3cm 폭으로 썰어 껍질을 벗긴 뒤 얇게 납작 썰고, **양념장**을 만들고,

2

대파는 어슷 썰고, 깻잎은 3등분하고, 돼지고기는 한입 크기로 썰고,

3

돼지고기에 양념장을 넣고 고루 버무린 뒤 대파를 넣어 한 번 더 섞고,

4

팬에 식용유(2)를 둘러 늙은 호박이 반투명하게 익을 때까지 볶아 꺼내고,

5

같은 팬에 양념한 돼지고기를 넣어 골고루 익도록 볶고,

6

볶은 호박과 깻잎을 넣고 한 번 더 볶아 마무리.

육즙 리얼한 바비큐 타임! 녹차숙성삼겹살

늘 구워 먹던 얇은 삼겹살 말고 두툼한 삼겹살 먼저 준비하세요.
녹차 마사지로 잡내는 없애고 육질은 더 촉촉~
칼집을 촘촘히 넣어 팬에서도 잘 익고 살짝 태운 설탕에 한 번 더 구워 불맛까지 제대로네요.
기름장 대신 액젓소스를 따끈하게 끓여 곁들이면 고기 맛이 확 살아나요

3인분

필수 재료
두툼한 삼겹살(6줄=600g)

선택 재료
설탕(0.3)

숙성 양념
녹차가루(1),
후춧가루(0.3), 소주(3)
Tip 통후추를 갈아 쓰는 것이 좋아요.

액젓소스
양파(1/6개 분량),
청양고추(1개),
멸치액젓(3),
다진 마늘(0.5), 매실청(1)

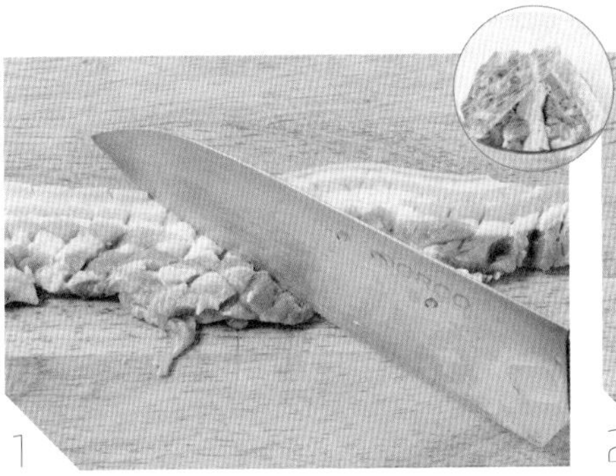

1

삼겹살은 격자무늬로 칼집을 넣어 **숙성 양념**에 버무린 뒤 랩으로 감싸 하루 정도 냉장실에서 숙성하고,

2

양파는 굵게 다지고, 청양고추는 반으로 갈라 송송 썰고,

3

냄비에 멸치액젓(3)과 물(8)을 넣어 3분간 끓인 뒤 불을 끄고 양파, 청양고추, 다진 마늘(0.5), 매실청(1)을 넣어 **액젓소스**를 만들고,

4

센 불로 달군 팬에 삼겹살을 올리고 육즙과 핏물이 위로 올라오면 뒤집어 앞뒤로 노릇하게 초벌구이해 꺼내고,

5

팬을 키친타월로 가볍게 닦아낸 뒤 중간 불로 줄여 설탕(0.3)을 뿌리고,

6

설탕이 진한 갈색으로 변하면 초벌구이한 삼겹살을 넣고 불맛을 입힌 뒤 액젓소스를 곁들여 마무리.

탱글탱글 식감 1등! 닭떡갈비

떡갈비 맛있는 줄 모르겠다던 분들을 사로잡은 별미!
닭다릿살을 적당히 갈아 넣으니 기존 떡갈비보다 부드럽고 탱탱하네요.
매콤달콤한 양념장과 짭짤한 고기까지,
양념에 들인 정성만큼이나 맛있어요.

2인분

필수 재료
닭다릿살(4쪽=400g)

선택 재료
쪽파(3대), 참깨(약간)

고기 양념
참깨(0.3)+설탕(1)+
다진 파(3)+
다진 마늘(1)+
다진 생강(0.3)+
간장(3)+고추장(1)+
올리고당(1)+
후춧가루(약간)

양념장
물(1)+간장(0.3)+
고추장(1)+
올리고당(1)+
참기름(0.3)+
다진 마늘(0.3)

1
고기 양념을 만들고,

2
쪽파는 송송 썰고,

3
닭다리살은 껍질을 제거해 믹서에 곱게 간 뒤 고기 양념과 버무리고,

4
원하는 크기로 등분해 동글납작하게 모양을 만들고,

5
중간 불로 달군 팬에 식용유(2)를 둘러 떡갈비를 앞뒤로 노릇하게 익히고,

6
양념장을 발라가며 앞뒤로 굽고 쪽파와 참깨로 장식해 마무리.

맛도 좋고 요리하기도 쉬운

닭간장조림

짭조름한 간장 양념장에 윤기 나게 조린 닭요리.
다른 반찬 필요 없이 동치미나 백김치 하나만 곁들여도
밥 한 공기 금세 비우는 맛보장 메뉴예요.
찜닭이나 볶음탕보다 만들기 쉽고, 양념이 쏙쏙 배어들어 성공률 100%!

4인분

필수 재료
양파(1개),
대파(2대=20cm),
토막 낸 닭(1마리=1kg)

선택 재료
마늘(5쪽),
마른 고추(1개)

밑간
소금(0.2),
후춧가루(약간),
다진 생강(0.2), 청주(2)

양념장
설탕(1.5)+간장(6)+
맛술(3)+간 양파(5)+
다진 마늘(1)+
다진 생강(0.3)+
올리고당(3)+
후춧가루(0.1)+
물(1컵)

1

양파는 6등분하고, 대파는 어슷 썰고,
마늘은 2등분하고, 마른 고추는 송송 썰고,

2

닭고기는 가볍게 씻어 물기를 뺀 뒤
두꺼운 살 부분은 칼집을 넣어 **밑간**에
버무리고,

3

양념장을 만들고,

4

중간 불로 달군 팬에 식용유(1)를 둘러
마늘과 마른 고추, 닭고기를 넣어 굽고,

5

닭고기 겉이 노릇하게 익으면 양념장을 부은 뒤
양파를 넣어 중약 불로 조리고,

6

양념이 자작해지면 대파를 얹고 조금 더 조려
마무리.

향기에 취하는 냉이불고기

늘 먹던 불고기에 냉이만 더했을 뿐인데 향기 가득한 별미가 됐어요.
쌉싸래한 냉이가 고기의 느끼함을 잡아주고요.
꼭 쌈을 싸 먹는 기분이 든답니다.
대신 냉이는 마지막에 넣고 살짝만 익혀야 향이 날아가지 않아요.

3인분

필수 재료
쇠고기 불고기용(300g), 냉이(2줌), 양파($\frac{1}{2}$개), 대파($\frac{2}{3}$대=7cm)

양념장
키위($\frac{1}{2}$개), 설탕(0.5), 간장(3), 다진 마늘(0.5), 다진 파(1), 청주(2), 부순 참깨(0.5), 후춧가루(0.2)

1 쇠고기는 한입 크기로 썰어 키친타월에 밭쳐 핏물을 빼고,

2 냉이는 뿌리의 지저분한 부분을 긁어낸 뒤 두꺼운 것은 2~4등분하고,

3 양파는 채 썰고, 대파는 어슷 썰고,

4 키위는 껍질을 벗겨 강판에 곱게 갈아 나머지 **양념장** 재료를 섞은 뒤 쇠고기에 넣어 10분간 재우고,

5 센 불로 달군 팬에 식용유(1)를 둘러 양파와 쇠고기를 넣어 고기 색이 변할 때까지 볶고,

6 냉이와 대파를 넣고 1분간 볶아 마무리.

언양식으로 구워낸 바싹주먹불고기

언양식 불고기는 물기 없이 바삭하게 굽는 게 포인트죠?
포슬포슬한 식감에 달큰 짭조름한 양념이 배어 있어
온 가족이 좋아한답니다.
팬에 구우면 고기가 얇아 뒤집을 때 모양이 흐트러져요.
그래서 굽기 좋게 작은 크기로 만들었어요.

2인분

필수 재료

쇠고기(불고기용 400g)

Tip 얇게 썬 것으로 준비하세요.

양념장

참깨(0.2)+간장(3)+매실청(4)+고추장(1)+참기름(0.5)+다진 파(2)+다진 마늘(1)+후춧가루(약간)

1

쇠고기는 키친타월에 밭쳐 핏물을 빼고,

2

양념장을 섞고,

3

쇠고기를 3cm 폭으로 잘게 썰어 양념장에 조물조물 무치고,

4

4등분으로 나눠 동글납작하게 모양을 만들고,

약한 불로 구우면 물기가 생겨요. 종이포일을 깔면 쉽게 타지 않고 정리가 깔끔해요.

5

종이포일을 깐 팬에서 고기가 타지 않게 센 불과 중간 불을 조절하며 앞뒤로 바싹하게 구워 마무리.

취향대로 골라 먹어요 **샤브샤브**

속을 따스하게 감싸주는 따뜻한 국물요리가 여기 있어요!
보글보글 끓는 육수에 재료를 퐁당 넣으면 금세 익어 허기를 채우기에도 좋아요.
담백한 육수에 채소, 쇠고기, 낙지를 넣어 골고루 맛본 뒤
쫄깃한 칼국수면이나 죽으로 마무리하세요.

4인분

필수 재료

낙지(3마리), 밀가루(5), 버섯(3줌), 청경채(5포기), 두부($\frac{1}{2}$모), 쇠고기 샤브샤브용(300g), 숙주(2줌)

청경채 대신 배추를 사용해도 돼요.

Tip 버섯은 새송이버섯, 느타리버섯, 표고버섯, 팽이버섯 등 취향에 맞는 것으로 준비하세요.

선택 재료

새우(8마리), 단호박($\frac{1}{6}$통), 달걀(2개)

육수 재료

물(12컵), 국물용 멸치($1\frac{1}{2}$줌), 다시마(1장=15×15cm), 무(1토막=150g), 양파(1개), 대파($1\frac{1}{2}$대=15cm), 국간장(1.5), 멸치액젓(1.5)

Tip 멸치는 내장을 제거해 준비해요.

소스

칠리소스 또는 폰즈소스(적당량)

1

냄비에 **육수 재료**를 넣고 중간 불에서 끓어오르면 다시마만 건진 뒤 중약 불로 30분간 더 끓여 체에 거르고,

2

낙지는 내장, 눈, 입을 제거한 뒤 가볍게 헹구고 밀가루(5)에 주물러 씻어 물기를 빼고, 새우도 씻어 준비하고,

3

낙지는 먹기 좋게 한입 크기로 자르고,

4

버섯은 먹기 좋게 자르고, 청경채는 밑동을 자르고, 두부는 한입 크기로 납작 썰고, 단호박은 얇게 납작 썰고,

매콤한 육수를 원한다면 고춧가루(1.5)+다진 마늘(1)+고추기름(1.5)을 섞은 양념장을 육수에 풀어요.

5

전골냄비에 육수를 담고 그릇에 낙지, 버섯, 채소, 두부, 쇠고기, 칼국수면, 새우를 둘러 담고 **소스**를 곁들여 마무리.

고급지게 단백질 보충! 아롱사태수육

아롱사태는 소 한 마리당 딱 두 점만 나오는 귀한 부위인데요.
담백하면서 쫄깃하게 씹는 맛이 좋아 수육 재료로 잘 어울린답니다.
기름지지 않고 담백해 차갑게 먹어도 맛있고요.
양념장 대신 소금을 찍어 먹어도 깔끔해요.

2인분

필수 재료
아롱사태(300g)

고기 삶는 재료
대파 푸른 부분(2대), 통후추(0.2), 양파($\frac{1}{4}$개), 마늘(3쪽), 생강(1톨), 된장(1)

양념장
간장(2)+맛술(1)+레몬즙(1)+다진 파(1)+다진 청양고추(0.5)

1 아롱사태는 찬물에 30분간 담가 핏물을 빼고,

고기를 실로 묶어 삶으면 모양이 둥글게 잘 잡혀요.

2 굵은 실로 잡아당겨 가며 고기를 단단하게 묶고,

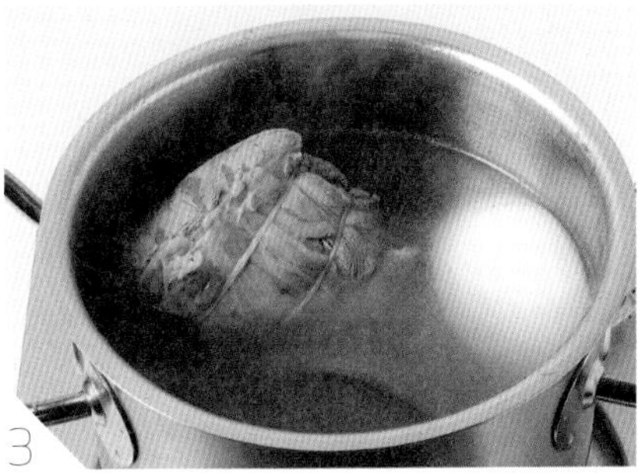

3 끓는 물(7컵)에 고기를 넣어 겉면이 익기 시작하면 **고기 삶는 재료**를 넣고 중간 불에서 5분간 익히고,

4 중약 불로 줄여 뚜껑을 닫고 고기가 부드럽게 익을 때까지 1시간 동안 익히고,

5 불을 끄고 고기를 30~40분 정도 그대로 두었다 건진 뒤 실을 풀어 얇게 썰고,

6 **양념장**을 곁들여 마무리.

잡고 뜯고 맛보고 즐기는 등갈비수육

찜이나 구이로만 먹었던 등갈비를 수육으로도 즐겨보세요.
부드러운 육질은 담백 그 자체! 손으로 잡고 뜯어 먹는 재미는 덤이에요.
부추무침을 듬뿍 올려 먹으면 소스를 따로 곁들일 필요도 없고요.
남은 육수로는 된장국을 끓여 한 끼 더 해결하세요.

2인분

필수 재료
등갈비(1kg)

고기 삶는 재료
맛술($\frac{1}{5}$컵), 청주($\frac{1}{4}$컵), 된장(3), 대파(2대×30cm), 생강(1톨), 양파(1개), 물(4ℓ)

부추무침 재료
부추(1줌), 팽이버섯($\frac{1}{2}$줌), 양파($\frac{1}{3}$개)

부추무침 양념
설탕(0.5)+고춧가루(2)+간장(1.5)+까나리액젓(0.7)+식초(2)+매실액(2)+다진 마늘(0.7)+참기름(2)+참깨(0.5)

1

등갈비는 지방 덩어리와 질긴 막을 제거한 뒤 뼈대 하나씩 분리해 썰고,

2

반나절 정도 물에 담가 핏물을 제거하고,

3

냄비에 등갈비가 푹 잠길 정도의 물을 붓고 센 불에 올려 끓어오르면 등갈비를 넣어 5분 정도 삶고,

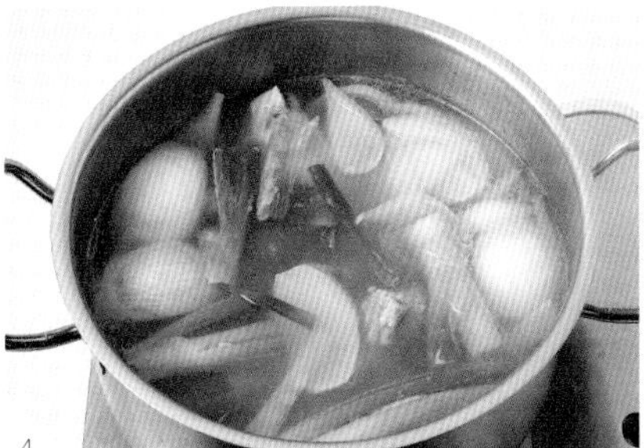

4

등갈비를 물에 가볍게 헹군 뒤 깨끗이 씻은 냄비에 **고기 삶는 재료**를 넣고 센 불에서 끓어오르면 등갈비를 넣어 15분 → 중약 불에서 25분간 삶고,

5

부추와 팽이버섯은 4cm 길이로 썰고, 양파도 비슷한 길이로 채 썰어 **부추무침 양념**에 버무리고,

6

등갈비수육에 부추무침을 곁들여 마무리.

의외로 쉬워요! 전복삼계탕

요즘 같은 영양과잉 시대엔 따로 보양식이 필요 없다지만
삼계탕 한 그릇 안 먹고 지나가면 아쉽잖아요.
손질만 잘하면 사실 그리 어렵지 않은 게 삼계탕이에요.
한 번만 끓여보면 의외로 쉽게 느껴질 거예요.
차근차근 따라 해보세요!

2인분

필수 재료
찹쌀($\frac{1}{3}$ 컵),
닭(1마리=500g),
마늘(4쪽), 수삼(1뿌리),
전복(1마리)

선택 재료
대추(3개),
껍질 깐 밤(2개),
황기(1대), 생강(1톨)

양념
소금(약간),
후춧가루(약간)

1

찹쌀은 씻은 뒤 찹쌀이 잠길 정도로 물을 부어 30분간 불리고,

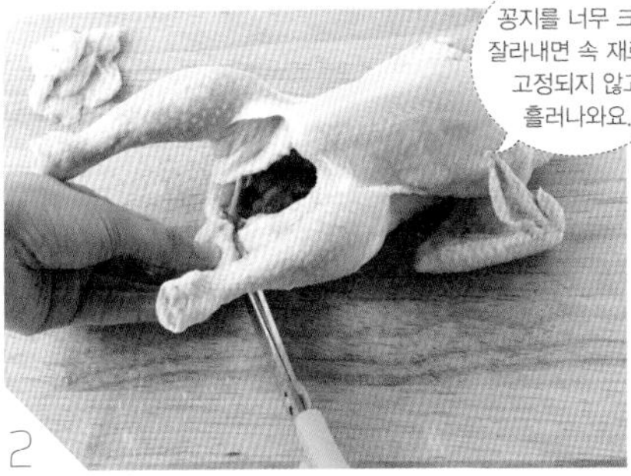

2

닭은 3cm만 남기고 목을 자르고,
날개 끝과 꽁지 끝, 기름기가 많은 부분을 자른 뒤
겉과 배 안쪽을 깨끗이 씻고,

3

닭 속에 대추(2개) → 찹쌀 → 마늘(2쪽) → 밤(1개) → 수삼 순서로 집어넣고,

4

다리 한쪽 옆에 칼집을 2cm 길이로 넣어 다른 쪽 다리를 그 안으로 넣어 다리를 꼬고,

5

전복은 솔로 앞뒤를 깨끗이 닦은 뒤 물에 깨끗이 헹구고,

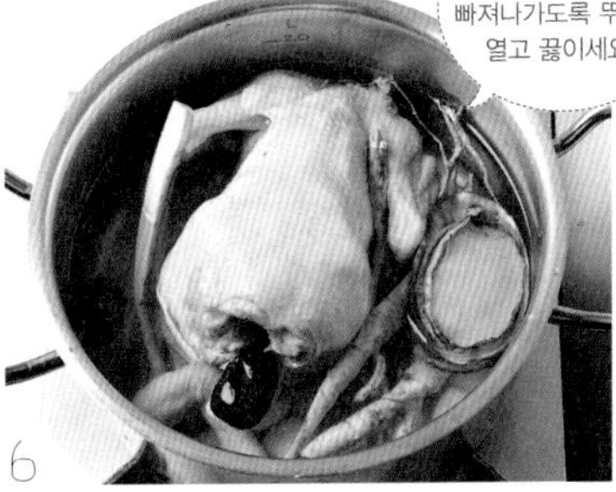

6

냄비에 닭과 남은 대추, 마늘, 밤, 황기, 생강, 전복을 넣은 뒤 물(4컵)을 부어 중간 불로 끓이고,

7

물이 끓으면 뚜껑 열어 5분 → 뚜껑을 닫아 중약 불에서 40분간 끓이고,

8

기름기를 걷어낸 뒤 **양념**을 곁들여 마무리.

땀 좀 흘리며 먹어야 제맛!

돼지고기묵은지찜

요건 맛이 없을 수 없죠?
보기만 해도 군침이 절로 도는 새콤한 밥도둑 메뉴예요.
푹 익은 돼지고기는 가위로 툭툭 투박하게 자르고 야들야들 묵은지는 주욱 찢어 맛보세요.
다른 반찬 필요 없이 이거 하나면 밥 한 공기씩은 금세 비워요.

4인분

필수 재료
양파(1½개), 무(150g), 대파(1½대=15cm), 돼지고기 목살 또는 앞다릿살 (300g), 묵은지(½포기)

육수 재료
국물용 멸치(10마리), 다시마(1장=10×10cm)
Tip 멸치는 내장을 제거해 준비해요.

양념
설탕(1), 고춧가루(2), 새우젓(1.5), 매실액(2), 다진 마늘(1), 다진 생강(0.2)

1
냄비에 물(4컵), **육수 재료**를 넣고 중간 불에서 끓어오르면 중약 불로 10분간 더 끓여 체에 거르고,

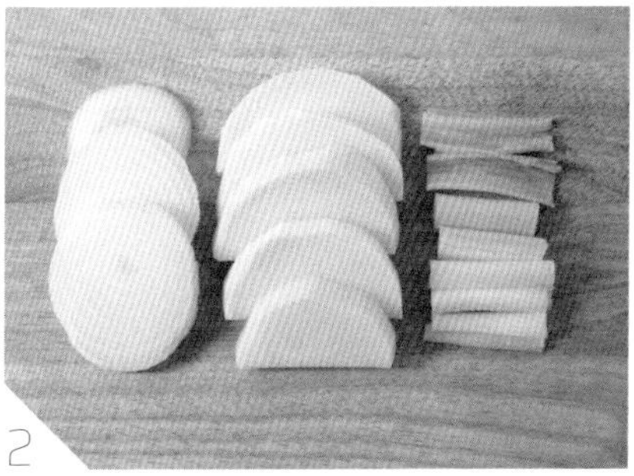
2
양파와 무는 도톰하게 납작 썰고, 대파는 5cm 길이로 잘라 2등분하고,

3
냄비에 무 → 돼지고기 → 양파 → 묵은지 순으로 담고,

4
양념을 섞은 육수(3컵)를 붓고 뚜껑을 열어 중간 불로 끓이고,

5
끓어오르면 10분간 끓인 뒤 뚜껑을 덮어 중약 불로 20분간 더 끓이고,

6
대파를 얹어 뚜껑을 덮고 10분간 더 끓여 마무리.

공들인 만큼 맛있어지는 **소갈비찜**

비싼 갈비를 쓰고도 제맛이 나지 않아 속상하셨나요?
맛의 포인트는 갈비가 누린내 없이 고루 익도록 손질하고
채소를 하나하나 돌려 깎는 정성에 있답니다.
이대로만 하면 갈비찜이 타고, 짜고, 느끼할 일은 절대 없을 거예요.

4인분

필수 재료
찜용 소갈비(1.2kg), 당근(1개), 무(1토막=200g), 밤(10개)

선택 재료
대추(10개), 깐 은행(10개)

갈비 삶는 재료
대파 푸른 부분(2대) 마늘(3쪽), 얇게 썬 생강(1쪽), 통후추(약간)

양념장
설탕(3)+간장($\frac{1}{2}$컵)+배즙($\frac{1}{2}$컵)+다진 파(4)+다진 마늘(2)+참기름(1)+깨소금(0.3)
Tip 배즙 대신 파인애플즙을 사용해도 좋아요.

2시간 간격으로 물을 갈면 핏물이 더 잘 빠져요.

1
갈비는 잠길 만큼 찬물을 부어 8시간 정도 핏물을 빼고,

2
갈비에 붙은 지방은 제거하고,

냄비에 갈비가 잠길 만큼의 물을 끓여두세요.

3
끓는 물에 갈비를 넣고 다시 끓으면 **갈비 삶는 재료**를 넣어 5분간 삶아 갈비를 건지고,

4
갈비 삶은 국물은 기름을 숟가락으로 걷어낸 뒤 따로 두고,

5
삶은 갈비는 뼈에 닿도록 수직으로 깊은 칼집을 1~2개씩 넣고,

익으면서 부서지지 않도록 모서리를 다듬어요.

6
당근은 밤 크기로, 무는 좀 더 크게 썰어 모서리를 둥글게 돌려 깎고,

7
냄비에 갈비, 당근, 무, 밤, 대추, **양념장**($\frac{1}{2}$분량)을 넣고 갈비 삶은 물(3컵)을 부어 뚜껑을 닫아 중간 불로 끓이고,

8
국물이 절반 정도로 졸아들면 남은 양념장을 넣고 국물이 자작해질 때까지 익히고,

고명으로 달걀지단을 올려도 좋아요.

9
은행을 섞어 그릇에 담아 마무리.

바다 내음 물씬 나는 소라멍게봄나물초무침

통통하게 살이 오른 소라와 멍게는 생각만 해도 입맛을 당겨요.
매콤 새콤한 양념장에 봄나물을 조물조물 무쳐내니 입안 가득 바다향이 퍼지네요.
술안주로도 좋고 비빔밥으로도 즐겨보세요.
오래 두면 물기가 생기니 버무려서 바로 드시고요.

4인분

필수 재료
두릅(5개), 소라(3개),
멍게(5개), 햇양파($\frac{1}{2}$개),
돌미나리($\frac{1}{2}$줌)

양념장
고추장(3)+
고운 고춧가루(0.5)+
설탕(0.6)+올리고당(1.5)+
식초(3)+다진 마늘(0.3)+
참깨(0.2)

1
손질한 두릅은 끓는 물에 데쳐 건지고,
소라를 넣고 15분 삶아 건지고,

침샘은 소라 살 끝부분에 있는 하얀 내장 덩어리로 두통과 구토, 어지러움을 일으킬 수 있으니 꼭 제거하세요!

2
소라를 돌려가며 꺼내 침샘을 제거한 뒤 얇게 썰고,

미리 손질된 멍게를 사용해도 좋아요.

3
멍게는 껍질을 벗겨 내장을 제거한 뒤
한입 크기로 잘라 체에 밭쳐 물기를 빼고,

4
양파는 채 썰고, 돌미나리는 먹기 좋게 등분하고,

5
양념장은 고루 섞고,

6
상에 내기 직전 모든 재료를 가볍게 버무려
그릇에 담아 마무리.

초고추장 말고 상큼하게!
낙지초무침

낙지 한 마리가 인삼 한 근에 버금간다는 말은 다 들어보셨죠?
겨울엔 낙지볶음, 여름엔 초무침이 제맛이에요.
양념만 바꿔도 한결 고급진 느낌!
시원한 배까지 어우러져 식감이 풍성하고요.
새콤달콤한 겨자소스가 정말 산뜻해요.

2인분

필수 재료
낙지(2마리), 오이($\frac{1}{3}$개), 적양파($\frac{1}{2}$개)

선택 재료
배($\frac{1}{4}$개), 아스파라거스(3대)

소스 재료
쪽파(2대), 홍고추(1개), 설탕(2), 소금(0.2), 간장(1), 식초(2), 레몬즙(1), 연겨자(0.7), 다진 마늘(0.5), 고추기름(1)

양념
밀가루(3), 소금(0.3)

1

쪽파는 송송 썰고, 홍고추는 길게 4등분한 뒤 속씨를 제거해 송송 썰고, 나머지 **소스 재료**와 고루 섞어 냉장실에 넣어두고,

2

낙지의 머리를 갈라 내장과 눈을 제거한 뒤 밀가루(3)를 넣고 주물러 씻어 물로 깨끗이 헹구고,

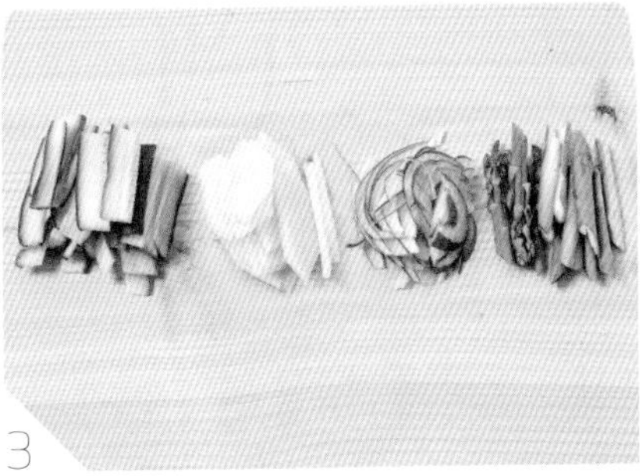

3

오이와 배는 5~6cm 길이로 납작 썰고, 적양파는 채 썰고, 아스파라거스는 비슷한 길이로 어슷 썰고,

4

끓는 소금물(물4컵+소금0.3)에 아스파라거스를 넣고 10초간 데쳐 찬물에 헹구고,

5

같은 물에 낙지를 30~40초 정도 데쳐 색이 변하고 탱탱해지면 건져 먹기 좋은 길이로 썰고,

매콤함을 더하고 싶다면 마지막에 고추기름을 추가해도 좋아요.

6

모든 재료를 그릇에 담고 소스를 뿌려 마무리.

소스가 일당백 해물땅콩버터냉채

언제 먹어도 맛있는 냉채요리예요.
아삭한 채소와 탱글탱글한 해산물의 만남!
새콤, 달콤, 고소한 맛에 알싸한 겨자 향까지
더한 소스가 진짜 맛있답니다.
소면이나 라면을 삶아 넣으면 중식 냉면 느낌도 나네요.

3인분

필수 재료

청오이($\frac{1}{2}$개), 두 가지 색 파프리카($\frac{1}{4}$개씩), 오징어(몸통 1마리), 칵테일새우 ($\frac{2}{3}$컵=100g)

냉채소스

설탕(0.3)+식초(4.5)+간장(1.2)+물($\frac{2}{3}$컵)+다진 마늘(0.7)+다진 생강(0.2)+땅콩버터(4)+연겨자(0.5)

1

냉채소스를 섞어 냉장실에 차게 두고,

2

오이는 길게 반 갈라 씨 부분을 파낸 뒤 어슷하게 납작 썰고, 파프리카는 5cm 길이로 채 썰고,

3

오징어는 껍질을 벗겨 끓는 물(3컵)에 10초간 데친 뒤 세로로 반 갈라 얇게 채 썰고,

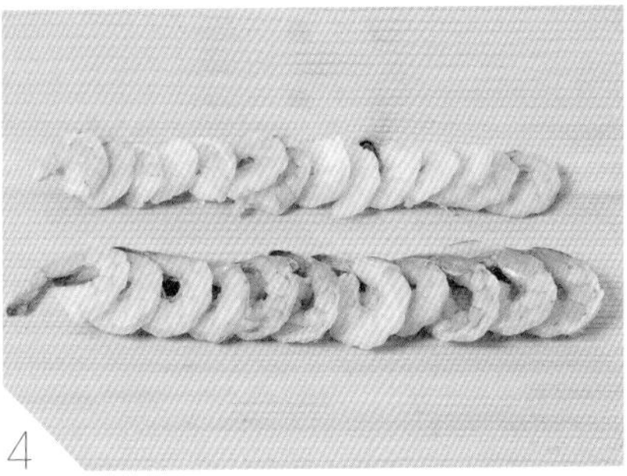

4

칵테일 새우는 오징어를 데친 물에 10초간 데친 뒤 세로로 2등분하고,

5

손질한 재료를 보기 좋게 담고 냉채소스를 자작하게 부어 마무리.

껍질 깔 필요 없어요 양념새우장

요즘 유행하는 짭조름한 간장새우장의 매콤 버전이에요.
제철 대하를 빨간 양념장에 버무려 쫀득쫀득하면서도 맛있게 매콤해요.
밥 위에 척 얹어 먹으면 게임 끝!
껍질을 미리 까놓아서 먹기 참 편해요.

2인 가족 5끼 분량

필수 재료
새우(40마리=1kg),
간장(½컵)

선택 재료
양파(¼개), 홍고추(1개),
풋고추(1개)

양념장
고운 고춧가루(1컵)+
설탕(2)+청주(3)+
액젓(3)+물엿(12컵)+
참기름(2)+
다진 생강(0.5)

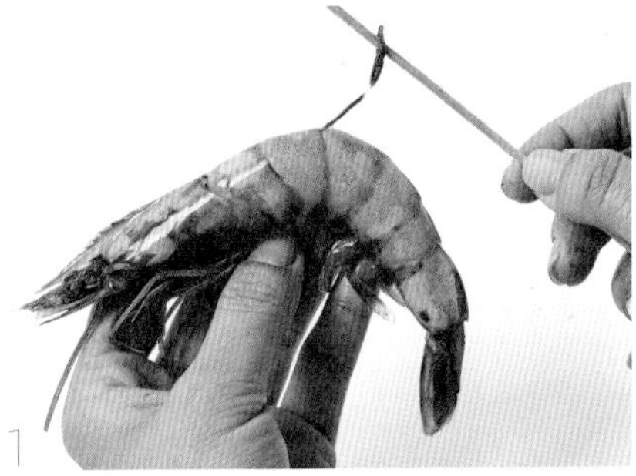

1 새우는 몸통 두 번째 마디를 이쑤시개로 찌른 뒤 들어 올려 검은 내장을 빼고,

2 꼬리가 붙어 있는 마지막 마디만 남기고 머리, 껍질, 다리를 제거하고,

3 새우에 간장(½컵)을 고루 뿌려 10~20분간 절이고,

4 간장만 따라내 냄비에 한 번 끓여 식히고,

5 식힌 간장에 **양념장**을 섞고,

6 양파는 굵게 채 썰고, 고추는 어슷 썰고,

7 양념장에 새우와 손질한 채소를 넣고 가볍게 버무려 마무리.

입에서 살살 녹네요 삼치마요네즈구이

가격 착한 삼치는 비린 맛도 적고 담백해 인기가 좋아요.
고소한 삼치구이에 부드러운 마요네즈 양념을 더해
한 번 더 구워냈더니 입에서 사르륵 녹을 만큼 부드럽네요.
느끼함은 연겨자가 싹 잡아준답니다.

2인분

필수 재료
삼치(1마리)

밑간
소금(0.2), 후춧가루(약간)

양념장
설탕(0.3)+마요네즈(3)+
연겨자(0.5)+
다진 마늘(0.5)+
다진 생강(0.2)

양념
파슬리가루(약간)

미리 뼈를 제거하면 먹기 좋아요. 구입할 때 포를 떠달라고 하세요.

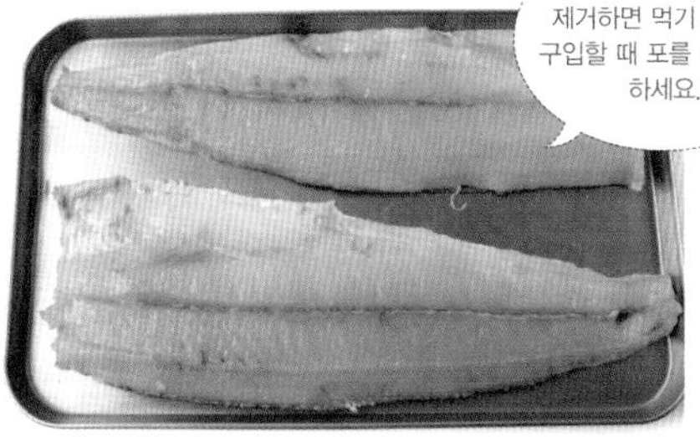

1

삼치는 배 쪽에서 뼈에 가깝게 칼을 넣어 길게 썰어낸 뒤 뼈 있는 부분을 포를 뜨듯 잘라내고,

2

반으로 토막 낸 뒤 앞뒤로 **밑간**해 10분간 두고,

3

삼치의 물기를 닦아내고 중간 불로 달군 팬에 식용유(2)를 둘러 살 쪽부터 올려 앞뒤로 노릇하게 굽고,

4

구워낸 삼치 위에 **양념장**을 고루 바르고,

5

200℃로 예열한 오븐에서 7~10분 구운 뒤 파슬리가루를 뿌려 마무리.

슈퍼푸드의 콜라보레이션 연어마늘구이

고단백 저칼로리, 슈퍼푸드 연어를 더 맛있게 즐기는 방법!
마늘소스와 다진 아몬드를 발라 구워보세요.
은은한 마늘향이 비린내를 잡고 아몬드가 고소하게 씹는 맛을 더한답니다.
오이샐러드는 요거트드레싱에 버무려 더 상큼하게 즐겨보세요.

2인분

필수 재료
아몬드($\frac{1}{2}$줌),
청오이($\frac{1}{2}$개),
적양파($\frac{1}{4}$개),
연어(구이용 350g)

마늘소스
다진 마늘(1)+
올리브유(3)+소금(약간)+
후춧가루(약간)

요거트드레싱
그릭요거트(1팩=85g)+
레몬즙($\frac{1}{4}$개 분량)+
소금(약간)+후춧가루(약간)

1

아몬드는 다지고, 오이와 적양파는 채 썰고,

2

마늘소스에 다진 아몬드를 섞고,

마늘의 향과 간이 배도록 3~5분 정도 두어요.

3

연어 살 쪽에 마늘소스를 고루 바르고,

기름기가 많은 껍질 쪽부터 구우면 따로 식용유를 두르지 않아도 돼요.

4

중간 불로 달군 팬에 종이포일을 깐 뒤 연어를 앞뒤로 노릇하게 굽고,

5

요거트드레싱에 오이와 적양파를 넣어 버무린 뒤 연어구이에 곁들여 마무리.

두부조림과 오징어볶음을 동시에! 오징어두부치기

두부조림에 오징어볶음의 매력을 더해 아주 강력한 메인반찬을 만들었어요.
칼칼하면서 달콤한 양념장에 오징어 특유의 향이 배어들고,
재료 각각의 식감도 너무 좋아요.

2인분

필수 재료
두부($\frac{1}{2}$모), 오징어(1마리),
양파($\frac{1}{2}$개),
대파($1\frac{1}{2}$=15cm)

선택 재료
당면($\frac{1}{2}$줌), 당근($\frac{1}{6}$개),
풋호박($\frac{1}{4}$개)

양념장
고춧가루(3)+간장(3)+
맛술(1.5)+다진마늘(1.5)+
다진 생강(0.3)+
고추장(2.5)+물엿(5)+
후춧가루(약간)+물(1컵)

양념
참기름(1.5), 참깨(0.3)

1

당면은 물에 30분 정도 미리 담가 불리고,
양념장은 고루 섞고,

2

두부는 도톰하게 납작 썬 뒤 키친타월에 받쳐
물기를 제거하고,

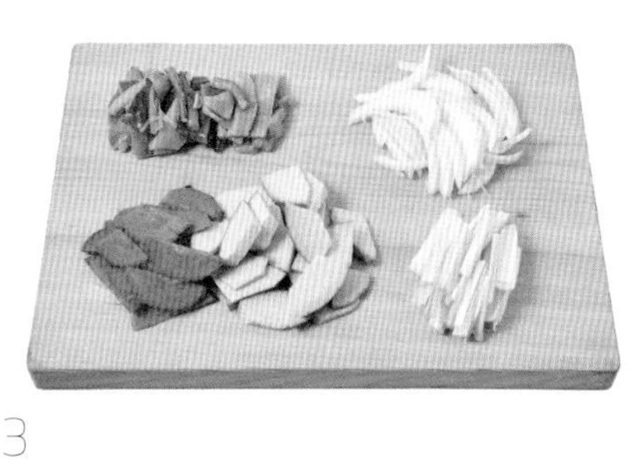

3

오징어와 양파는 채 썰고, 당근과 호박은 납작 썰고,
대파는 길게 4등분하고,

4

중간 불로 달군 팬에 참기름(1.5)을 둘러 두부를
살짝 노릇하게 구워 꺼내고,

5

같은 팬에 식용유(1.5)를 둘러 양파, 당근,
오징어, 호박을 넣어 센 불에서 30초 정도 볶고,

6

중간 불로 줄인 뒤 구운 두부와 당면, 대파를 넣고
양념장을 부어 바글바글 끓여 참깨(0.3)를 뿌려
마무리.

풍미로 살린 감칠맛 해산물버터볶음

싱싱한 해산물 본연의 맛을 최대한 끌어냈답니다.
센 불에 볶다가 짭짤한 향이 올라오면
버터 두 스푼을 넣고 재빨리 마무리해주세요.
해산물과 버터의 어울림이 풍미를 제대로 돋우네요.

2인분

필수 재료
양파(½개), 피망(½개), 전복(2개), 관자(2개), 새우(4개)

양념
버터(2), 소금(0.3), 후춧가루(약간)

1 양파와 피망은 한입 크기로 사각 썰고,

2 전복은 숟가락으로 긁어 껍질을 떼어내고 이빨을 제거한 뒤 가로, 세로로 칼집을 넣고,

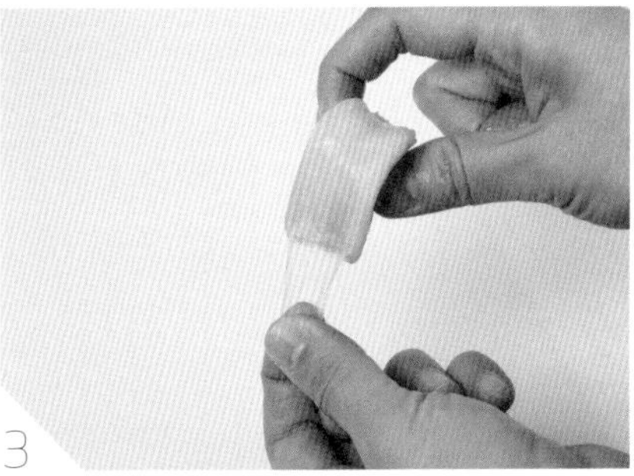

3 관자는 가장자리의 하얗고 질긴 막을 떼어낸 뒤 두께를 반으로 가르고,

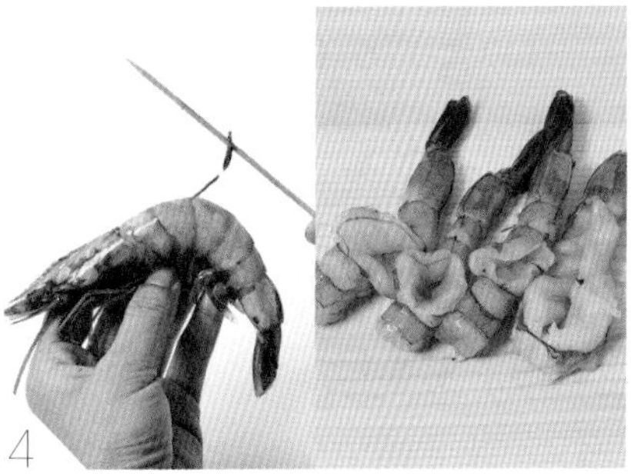

4 새우는 머리, 껍질을 제거한 뒤 등에 살짝 칼집을 넣어 내장을 제거하고,

너무 오래 볶으면 질겨요.

5 중간 불로 달군 팬에 식용유(1)를 둘러 손질한 해산물을 겉이 노릇해질 때까지 볶고,

6 버터(2)를 두르고 양파, 피망을 넣은 뒤 30초간 더 볶다가 소금(0.3), 후춧가루로 간해 마무리.

4인분

필수 재료
양파($\frac{1}{3}$개),
프랑크소시지(2개),
베이컨(1줄),
낙지(2마리), 콩나물(2줌)

선택 재료
대파($\frac{3}{4}$대=8cm),
밀가루(2)

양념
소금(0.1+약간),
고춧가루(1)

양념장
설탕(1)+고춧가루(2)+
맛술(1)+간장(1)+
다진 마늘(0.5)+
고추장(0.7)+
참기름(0.7)+
후춧가루(약간)

매콤함은 기본! 다양한 식감은 덤 낙지부대볶음

'베이컨쏘세지', 혹시 들어보셨나요?
수북한 콩나물에 베이컨과 소시지를 추가해 적당히 익히다가
낙지볶음을 섞어 같이 먹는 요리예요.
쫄깃한 재료들이 어우러져 부대찌개와 비슷한 맛이 나요!

1

양파는 채 썰고, 대파는 비슷한 길이로 썰어 길게 2등분하고, 소시지와 베이컨은 큼직하게 썰고,

2

낙지는 머리에 든 내장, 다리 안쪽의 입, 눈을 제거하고,

낙지에 묻은 이물질과 뻘이 밀가루에 붙어 제거돼요.

3

밀가루(2)에 주무른 뒤 물로 깨끗이 헹구고,

4

끓는 소금물(물5컵+소금0.1)에 콩나물을 2분간 데친 뒤 건져 소금, 고춧가루(1)를 넣어 무치고,

낙지를 한 번 데쳐 사용하면 식감이 부드러워요.

5

콩나물 데친 물에 낙지를 넣어 1분 30초간 데친 뒤 먹기 좋게 썰고,

6

낙지에 **양념장**을 넣어 버무리고,

7

전골팬에 양파, 대파, 소시지, 베이컨을 담고 콩나물을 올린 뒤 김치와 낙지무침을 얹고,

8

물($\frac{1}{2}$컵)을 붓고 뚜껑을 덮어 중간 불로 익혀 마무리.

양념 쏙 밴 살만 입에 쏙! 대구살간장조림

담백한 생선을 좋아한다면 흰살생선을 달콤 짭조름한 양념에 조려주세요.
스테이크용으로 손질된 대구를 사용하니 가시가 없어 먹기 편하네요.
녹말가루를 묻혀 한쪽 면을 바싹 익히고
한 번만 뒤집어야 살이 부서지지 않는답니다.

2인분

필수 재료
스테이크용 대구살(2토막), 마늘(2쪽), 쪽파(2대), 녹말가루(4)

밑간
소금(0.1), 후춧가루(0.1)

간장소스
다시마물($\frac{2}{3}$컵)+간장(2.5)+맛술(2)+올리고당(1)+다진 생강(0.1)

Tip 다시마물은 찬물($\frac{2}{3}$컵)에 다시마(1장=5×5cm)를 넣어 10분간 우린 뒤 다시마는 건져내서 사용해요.

1

간장소스를 만들고,

스테이크용 대구는 마트에서 구매했어요. 두툼한 전감을 사용해도 좋아요.

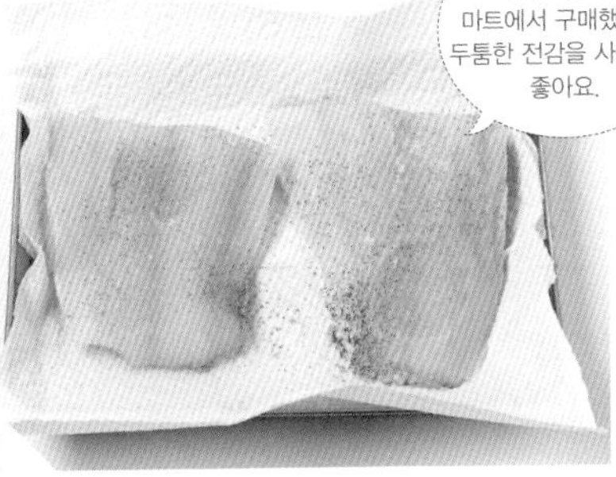

2

대구살은 반으로 잘라 키친타월에 밭쳐 물기를 빼 **밑간**하고,

3

마늘은 납작 썰고, 쪽파는 4cm 길이로 썰고,

코팅이 약한 팬이라면 달라붙지 않도록 껍질 쪽부터 구워요.

살 쪽부터 올려 구워야 오그라들지 않아요.

4

대구살에 녹말가루(4)를 골고루 묻힌 뒤 중간 불로 달군 팬에 식용유(3)를 둘러 앞뒤로 굽고,

5

겉이 노릇해지면 마늘과 간장소스를 넣어 조리고,

6

소스가 자작해지면 쪽파를 넣어 마무리.

국물까지 싹싹 비벼 먹는 갈치간장조림

아이들도 잘 먹는 안 맵고 안 비린 생선요리!
달큰한 양념에 조린 부드러운 갈치살이 입에서 살살 녹아요.
갓 지은 밥에 이만한 반찬이 없네요.

4인분

필수 재료
손질된 토막갈치(1마리), 표고버섯(1개), 꽈리고추(5개), 밀가루($\frac{1}{2}$컵)

선택 재료
소금(0.1), 양파($\frac{1}{3}$개)

양념장
다진 생강(0.2), 간장(4), 맛술($\frac{1}{4}$컵), 물($\frac{1}{3}$컵)

이미 소금간이 된 갈치는 이 과정을 생략하세요!

1
갈치는 소금(0.1)을 뿌리고,

2
표고버섯은 두껍게 납작 썰고,
꽈리고추는 꼭지를 제거하고, 양파는 사각 썰고,

3
양념장을 만들고,

4
갈치의 물기를 가볍게 닦아낸 뒤 밀가루를 묻히고,

5
중간 불로 달군 팬에 식용유(3)를 둘러 앞뒤로 노릇하게 굽고,

6
양념장을 부어 중간 불로 끓이고,

7
양념장이 끓어오르면 버섯과 꽈리고추, 양파를 넣고 2~3분간 조려 마무리.

바다와 육지의 만남 **깻잎굴전**

고소한 굴전에 깻잎을 듬뿍 넣어
향긋함을 더했어요.
깻잎이 비린내를 잡아줘 식어도 맛있답니다.
굴은 너무 오래 익히면 향도 덜하고 질겨지니
앞뒤로 살짝만 익혀주세요.

4인분

필수 재료
깻잎(20장), 굴(1컵),
부침가루(1컵)

소금물
물(3컵)+소금(0.5)

초간장
간장(1)+식초(0.3)

1

깻잎은 세로로 반 갈라 곱게 채 썰고,

2

굴은 **소금물**에 흔들어 씻어 건져 물기를 빼고,

3

초간장을 만들고,

4

부침가루(1컵)에 물($\frac{3}{5}$컵)을 섞어 반죽을 만들고,

5

깻잎과 굴을 넣고 살살 버무리고,

6

중간 불로 달군 팬에 식용유(2)를 둘러 반죽을
한 수저씩 얹고 노릇하게 부친 뒤 초간장을 곁들여
마무리.

자꾸 자꾸 손이 가요 씨앗새우강정

어른 아이 모두에게 사랑받는 새우 요리예요.
바삭하게 튀긴 새우에 매콤달콤 강정소스를 입히고, 견과류 잔뜩 뿌려 마무리했어요.
들어가는 재료가 많은 만큼 소스맛 하나는 확실하게!
오독오독 견과류로 식감까지 끌어올렸어요.
정성 들인 만큼 식어도 별미!

2인분

필수 재료
새우(중하 12마리),
견과류($\frac{1}{2}$컵)

밑간
소금(약간), 청주(1),
후춧가루(약간)

튀김반죽
달걀흰자(2개),
식용유($\frac{1}{4}$컵),
감자전분(반죽용 $\frac{2}{3}$컵,
덧가루용 $\frac{1}{3}$컵),
소금(약간)

강정소스 재료
다진 마늘(1),
다진 양파($\frac{1}{4}$개 분량),
소금(약간), 물(3),
간장(1), 맛술(1),
다진 생강(0.2),
스위트칠리소스(2),
마요네즈(1.5),
물엿(2), 고추장(2),
후춧가루(약간)

물총은 새우의 꼬리 가운데 부분에 있어요. 잘 제거하지 않으면 튀길 때 기름이 튈 수 있어요.

1

새우는 머리와 물총을 제거해 물에 헹군 뒤 물기를 빼서 **밑간**하고,

2

볼에 흰자를 넣고 잔거품이 생길 때까지 풀어준 뒤 식용유($\frac{1}{4}$컵), 감자전분($\frac{2}{3}$컵), 소금을 넣어 **튀김반죽**을 만들고,

3

새우는 감자전분($\frac{1}{3}$컵) → 튀김반죽 순으로 입힌 뒤 170℃로 달군 식용유(3컵)에 노릇하게 튀기고,

4

중간 불로 달군 팬에 식용유(1)를 둘러 다진 마늘(1)과 양파를 넣어 투명해질 때까지 볶다가 나머지 **강정소스 재료**를 넣어 바글바글 끓이고,

다진 땅콩, 해바라기씨, 호박씨를 사용했어요.

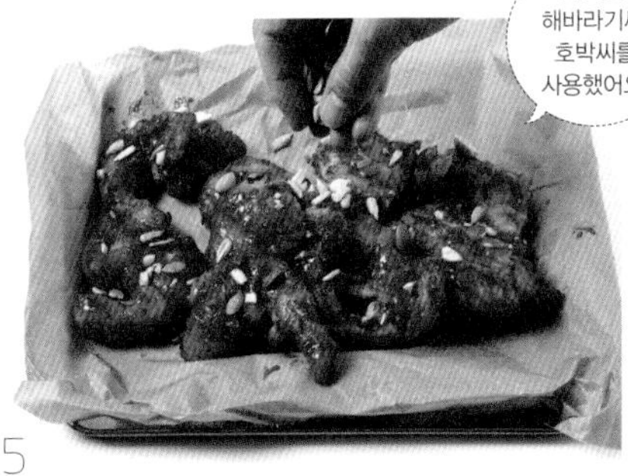

5

튀긴 새우를 넣어 재빨리 버무린 뒤 그릇에 담고 견과류를 뿌려 마무리.

이국적인 생선요리 가자미튀김

바삭하게 튀긴 가자미에 매콤달콤새콤한 태국식 양념을 사르르~
이건 정말 먹어봐야 진가를 알아요.
호불호 강한 고수는 선택 사항!
반찬으로도 훌륭하지만 손님상 메뉴로도 손색없어요.

2인분

필수 재료
손질된 가자미(1마리),
대파(1대=10cm)

선택 재료
고수(약간),
다진 땅콩(적당량)

양념
소금(0.2), 녹말가루(4)

소스
홍고추($\frac{1}{2}$개)+
설탕(0.5)+식초(1.5)+
피시소스(1)+
스위트칠리소스(2)+
다진 마늘(0.3)+
소금(약간)+
후춧가루(약간)

1

가자미는 등에 칼집을 넣어 소금(0.2)을 앞뒤로 뿌려 20분간 두고,

2

홍고추는 잘게 다진 뒤 나머지 **소스** 재료와 섞고,

3

대파는 5cm 길이로 곱게 채 썰어 찬물에 담갔다 건지고, 고수는 1cm 길이로 썰고,

나무젓가락을 담가 2~3초 후에 기포가 올라오면 알맞은 온도예요.

4

가자미 앞뒤로 녹말가루(4)를 묻힌 뒤 170℃로 달군 식용유($1\frac{1}{2}$컵)에 튀기듯 바삭하게 굽고,

5

그릇에 담아 소스를 끼얹고 고수, 다진 땅콩, 파채를 올려 마무리.

반반 깻잎 많이! 장어튀김

여름 보양식으로 빼놓을 수 없는 장어. 프라이드 반, 양념 반으로 즐겨보세요.
바삭한 튀김옷 속에 부드럽고 고소한 속살!
달달한 땅콩버터 양념장은 아이들 입맛에도 딱 맞아요.
어른들은 와사비간장 찍어 깻잎을 곁들이세요.

2인분

필수 재료
장어(1마리), 깻잎(15장), 감자전분($\frac{1}{2}$컵)
Tip 장어는 구이용으로 머리와 내장을 제거한 것을 구매하세요.

밑간
소금(0.2), 맛술(2), 후춧가루(약간)

양념장
납작 썬 마늘(3쪽)+송송 썬 대파(1대)+설탕(1)+생강즙(0.3)+간장(1.5)+맛술(1)+물(1)+굴소스(0.7)+땅콩버터(1.5)+고추기름(2)+물엿(1)+후춧가루(약간)

와사비초간장
생고추냉이(0.3)+간장(2)+식초(0.5)
Tip 녹차소금(소금1+녹차가루0.2)을 곁들이면 더 담백해요.

민물장어 특유의 물냄새와 껍질에 붙어 있는 노폐물을 제거하는 과정이에요.

1 장어는 껍질이 위로 오도록 도마에 올린 뒤 끓는 물을 껍질에 조금씩 부어 진액이 올라오면 칼로 긁어내고,

2 흐르는 물에 장어를 헹궈 물기를 제거한 뒤 한입 크기로 썰어 **밑간**하고,

3 깻잎은 돌돌 말아 채 썬 뒤 찬물에 담가두고, **양념장**을 만들고,

4 밑간한 장어에 감자전분($\frac{1}{2}$컵)을 고루 묻혀 가볍게 털어내고,

팬의 바닥에 식용유가 완전히 잠기도록 자작하게 부어요.

5 160℃로 달군 식용유에 튀기듯 노릇하게 구워 기름기를 빼고,

6 다른 팬에 양념장을 넣고 중간 불에서 바글바글 끓어오르면 튀겨낸 장어 절반을 넣어 버무리고,

7 깻잎의 물기를 제거한 뒤 튀긴 장어, 양념한 장어와 함께 담고 **와사비초간장**을 곁들여 마무리.

콩나물을 곁들인 오징어보쌈

매콤한 양념장으로 되직하게 볶아낸 오징어보쌈 하나면 평일 저녁도 특별해져요.
아삭아삭한 콩나물을 곁들여 그대로 먹어도, 쌈을 싸 먹어도 별미!
잘 지은 밥 위에 듬뿍 얹어 덮밥처럼 비벼 먹어도 정말 맛있어요.

3인분

필수 재료
오징어(2마리=300g), 무(1토막=150g), 양파($\frac{1}{2}$개), 대파(1$\frac{1}{2}$대=15cm)

선택 재료
풋고추(1개), 콩나물(2줌=150g)

양념
소금(0.5)

양념장
설탕(0.7)+고춧가루(2)+간장(1.5)+다진 파(1)+다진 마늘(0.5)+다진 생강(0.3)+고추장(3)+참기름(0.3)+후춧가루(약간)

1 오징어는 내장, 입을 제거한 뒤 깨끗이 씻어 몸통은 링 모양으로, 다리는 먹기 좋게 썰고,

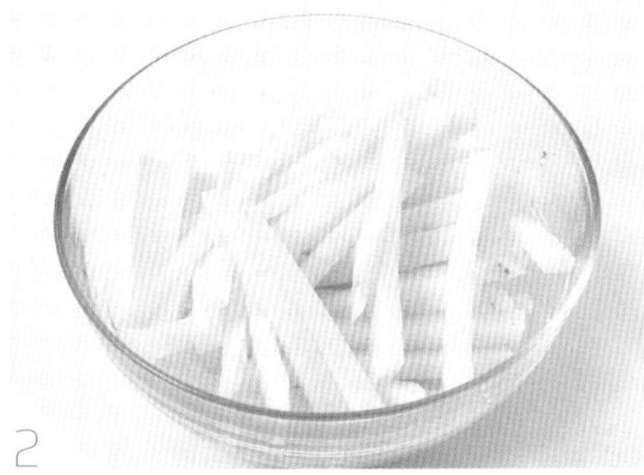

2 무는 5cm 길이로 도톰하게 채 썰어 소금(0.3)에 10분간 절인 뒤 물기를 꼭 짜고,

3 양파는 채 썰고, 풋고추와 대파는 어슷 썰고,

익히는 중간에 뚜껑을 열지 마세요.

4 끓는 소금물(물 $\frac{1}{2}$컵+소금0.2)에 콩나물을 넣고 뚜껑을 닫아 7분간 익힌 뒤 체에 밭치고,

너무 오래 익히면 오징어가 질겨지고 물이 생겨요.

5 센 불로 달군 팬에 식용유(1)를 둘러 양파를 10초간 볶다가 오징어와 **양념장**을 넣어 2분간 볶고,

쌈채소를 곁들여 같이 드세요.

6 무, 대파, 고추를 넣어 조금 더 볶고 콩나물과 함께 그릇에 담아 마무리.

따끈한 밥 위에 칼칼하게 한 점! 고사리조기찜

구워만 먹어도 맛있는 조기에 구수한 고사리를 더해 얼큰하게 조린 찜요리예요.
담백한 조기, 꼬들꼬들한 고사리, 칼칼한 국물까지 푸짐하게 담아냈어요.
명절날 남은 고사리와 조기를 활용해도 좋아요.

2 인분

필수 재료
조기(4마리), 불린 고사리(2줌=150g), 양파(¼개), 풋고추(1개), 홍고추(½개), 대파(1대=10cm)

고사리 양념
국간장(1)+맛술(1)+다진 마늘(0.3)+후춧가루(약간)

양념장
설탕(0.5)+고춧가루(1)+맛술(1)+멸치육수(2컵)+국간장(2)+다진 마늘(1)+다진 생강(0.3)+후춧가루(약간)

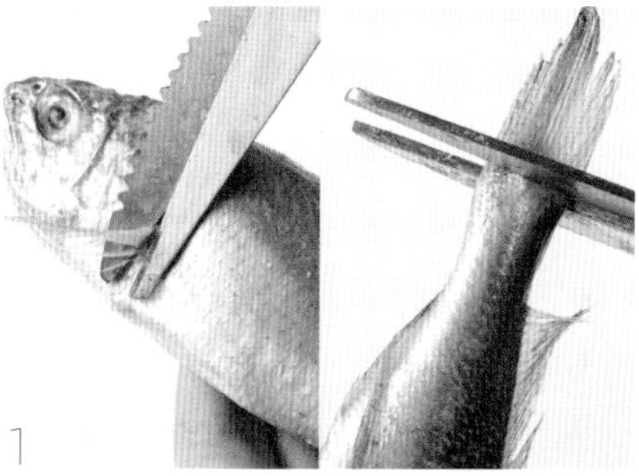

1 조기는 양 옆면과 배 아래, 등지느러미, 꼬리 끝을 잘라낸 뒤 꼬리 → 머리 쪽으로 비늘을 긁어내고,

고사리는 줄기가 딱딱한 부분을 제거한 뒤 사용하세요.

2 고사리는 깨끗이 씻은 뒤 적당히 등분해 **고사리 양념**에 버무리고,

3 양파는 채 썰고, 고추와 대파는 어슷 썰고,

4 냄비에 고사리와 양파를 올리고,

5 조기를 얹은 다음 **양념장**을 고루 끼얹어 중간 불로 끓이고,

6 끓어오르면 고추와 대파를 넣고 자작하게 조려 마무리.

입맛 당기는 칼칼함 코다리찜

촉촉하고도 꼬들한 코다리에 비법 양념장을 듬뿍 넣어 쪄냈어요.
생선살이 부서지지 않고 탱탱하게 유지되면서 쫄깃한 식감까지 매력적이죠.
생강즙과 맛술을 넣어 잡내를 잡고 칼칼하게 맛을 냈답니다.
매콤하면서 짜지 않아서 밥반찬은 물론 일품요리로도 딱 좋아요.

2인분

필수 재료
코다리(1마리=350g),
양파(¼개),
대파(1대=10cm)

선택 재료
홍고추(½개)

양념장
설탕(1.5)+고춧가루(6)+
다진 마늘(0.7)+
고추장(0.5)+
간장(4)+생강즙(1)+
맛술(3)+참기름(0.4)+
물엿(0.7)

1

코다리는 꼬리와 지느러미를 잘라낸 뒤 깨끗이 씻어 3~4등분하고,

2

양파는 채 썰고, 대파와 고추는 어슷 썰고,

3

양념장을 섞고,

4

냄비에 채 썬 양파를 깔고 코다리를 올려 양념장을 고루 끼얹고,

5

센 불에서 10분간 끓여 중간 불로 줄인 뒤 고추, 대파를 넣고 양념장을 끼얹어가며 5분간 더 조려 마무리.

포슬포슬 술안주로 최고 황태콩나물찜

해장에 좋은 황태와 콩나물을 넣고 매콤하게 만든 이 메뉴는
술 한잔 곁들인 저녁상에 잘 어울려요.
황태육수는 간장과 연겨자를 섞어 소스로도 만들어보세요.
황태살을 콕 찍어 먹으면 맛이 꽉 찬답니다.
황태포 대신 낙지나 아귀, 코다리로도 만들 수 있어요.

4인분

필수 재료
황태포(1마리),
미나리(8대=50g),
대파($1\frac{1}{2}$대=15cm),
콩나물($6\frac{1}{2}$줌=500g),
녹말가루(3),
다진 땅콩(약간)

육수 재료
마른 고추(1개),
다시마(1장=10×10cm),
양파($\frac{1}{4}$개),
대파(1대=10cm),
국물용 멸치(10마리),
마늘(5쪽)
Tip 멸치는 내장을 제거해 준비해요.

양념장
고춧가루(4)+
국간장(2)+청주(2)+
다진 마늘(2)

양념
소금(약간),
후춧가루(약간),
참기름(1)

소스
간장(2), 연겨자(약간),
황태육수(2)

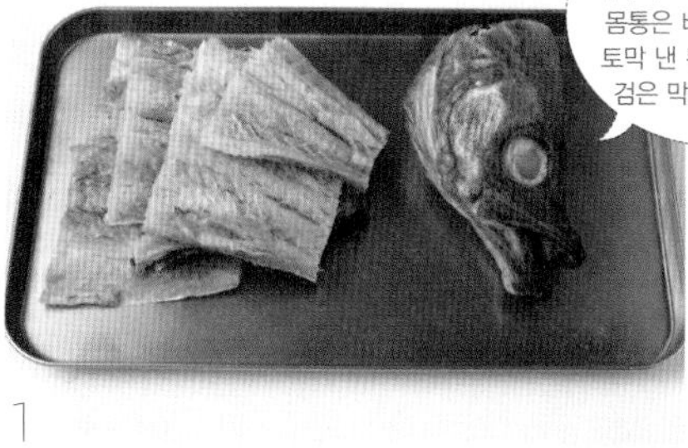

1
황태포는 물에 불려 머리를 잘라내고, 몸통은 손질하고,

2
미나리는 줄기만 먹기 좋은 길이로 썰고, 대파도 같은 길이로 썰어 반 가르고, 콩나물은 머리와 꼬리를 다듬고,

3
냄비에 물($5\frac{1}{2}$컵)과 황태머리, **육수 재료**를 넣고 30분 정도 끓인 뒤 체에 걸러 육수만 끓이고,

4
끓어오르면 콩나물을 넣어 3분 정도 익힌 뒤 건지고,

5
황태 몸통을 넣어 10분 정도 끓인 뒤 **양념장**을 넣고 끓어오르면 대파를 넣고 소금, 후춧가루로 간을 하고,

6
녹말물(3)을 넣어 농도를 맞추고 익힌 콩나물과 미나리를 넣어 버무린 뒤 참기름(1)과 다진 땅콩을 뿌리고 **소스**를 곁들여 마무리.

입에서 살살 녹는다 꽃게찜

꽃게, 제철일 때 많이 먹어두세요.
단맛 나는 살이 통통하게 차 있거든요.
시원하고 아삭한 콩나물, 향긋한 미나리 한 줌씩!
양념장은 아구찜처럼 매콤하고 칼칼하게~
미더덕 대신 가격 착한 오만둥이도 넣었어요.

3인분

필수 재료
대파(1대=10cm),
미나리(1줌=70g),
꽃게(2마리=800g),
콩나물(3줌=160g)

선택 재료
오만둥이(1$\frac{1}{3}$컵)

양념장
설탕(1)+고춧가루(4)+
간장(3)+다진 마늘(1)+
다진 생강(0.2)+
고추장(2)+
후춧가루(약간)

녹말물
녹말가루(1)+물(2)

양념
참기름(1)

1
양념장을 만들고,

2
대파는 세로로 길게 반 갈라 4cm 길이로 썰고,
미나리도 같은 길이로 썰고,

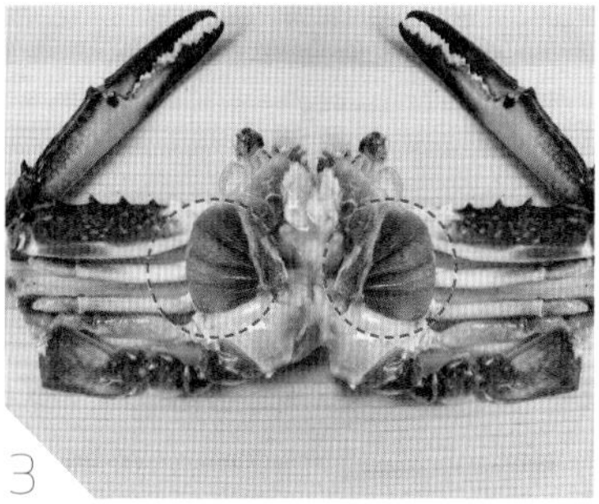
3
꽃게는 솔로 닦은 뒤 게딱지를 벗겨
아가미를 떼어내고,

4
몸통은 4등분, 게딱지는 2등분하고,

5
깊은 팬에 물(1컵)과 오만둥이, 꽃게를 넣고
중간 불로 끓이다가 꽃게가 빨갛게 익으면
양념장을 고루 풀고,

6
콩나물을 넣고 뚜껑을 닫아 5분간 익히고,

7
녹말물을 둘러 부어 살짝 걸쭉해질 때까지
고루 저어가며 끓이고,

8
대파, 미나리, 참기름(1)을 넣고 한 번 더
고루 섞어 마무리.

재료는 한식, 맛은 양식! 봉동시저샐러드

안초비 대신 멸치액젓을, 로메인 대신 제철 봄동을 사용했어요.
고소하고 짭조름한 시저드레싱이 진짜 실세!
창창한 봄동이 진한 드레싱과 당돌하게 어울리네요.
샐러드치곤 간과 식감이 세서 맥주랑 잘 맞아요.

3인분

필수 재료
봄동(1포기), 식빵(2장)

선택 재료
적양파($\frac{1}{6}$개)

시저드레싱 재료
마늘(1쪽),
파르메산 치즈가루(1),
멸치액젓(0.5), 레몬즙(0.7),
마요네즈(3), 올리브유(1),
후춧가루(약간)

Tip 다진 마늘보다 생마늘을 다져 넣는 것이 맛이 깔끔해요.

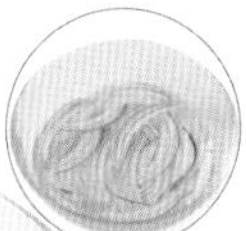

1

봄동은 먹기 좋게 썰고, 적양파는 채 썰어 각각 찬물에 5분간 담그고,

2

식빵은 손으로 작게 뜯어 마른 팬에 모든 면이 노릇해지도록 중약 불로 구워 꺼내고,

3

마늘은 곱게 다진 뒤 나머지 **시저드레싱 재료**와 섞고,

드레싱이 싱거워지지 않도록 물기를 충분히 빼요.

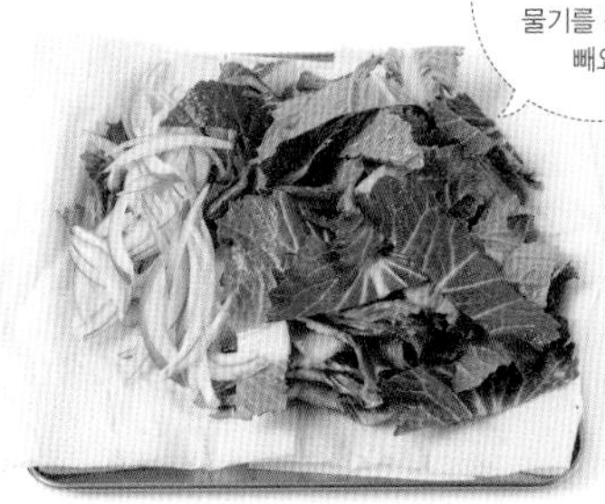

4

봄동과 적양파는 체에 밭쳐 물기를 뺀 뒤 남은 물기를 키친타월로 닦고,

5

드레싱을 넣어 가볍게 버무린 뒤 그릇에 담고 구운 식빵을 얹어 마무리.

걷절이하듯 간단하게 **묵배추샐러드**

중간중간 입맛 돋우게 할 샐러드를 간단하게 만들었어요.
청포묵과 채소를 사용해 색감은 단정하게,
찬장에 있는 양념만으로 깔끔한 맛을 냈답니다.
간드러지는 청포묵과 새콤한 양념장이 참 잘 어울리네요

2인분

필수 재료
알배추(3장), 파프리카($\frac{1}{2}$개), 청포묵($\frac{1}{4}$모=100g)
Tip 청포묵 대신 도토리묵을 사용해도 좋아요.

선택 재료
양파($\frac{1}{4}$개)

소스 재료
검은깨(2), 참깨(1), 소금(0.2), 간장(1), 식초(2.5), 올리고당(2.5), 포도씨유(2)

1 배추와 파프리카, 양파는 채 썰고,

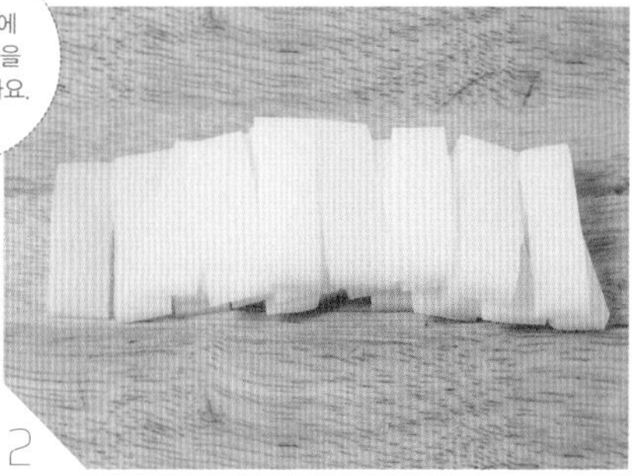

2 청포묵은 막대모양으로 납작 썰고,

3 검은깨와 참깨를 절구에 곱게 갈고,

4 나머지 **소스 재료**와 섞고,

5 소스에 채소와 묵을 넣고 버무려 마무리.

입맛대로 골라 먹는 두 가지 맛 더덕버터구이

밀대로 콩콩 두드리고 양념장을 발라 구웠을 뿐인데!
씹을수록 촉촉하고 입안 가득 더덕의 향기가 퍼져요.
풍미 가득 고소한 맛을 원한다면 버터구이 그대로,
매콤달콤한 맛을 원한다면 고추장 양념장을 발라 한 번 더 구워요.

2인분

필수 재료
껍질 벗긴 더덕(2줌=300g)

버터 양념장
다진 마늘(0.5)+
녹인 버터(3)+간장(1)

고추장 양념장
고추장(1)+매실액(2)

1 더덕은 납작하게 썰어 밀대로 두들겨 얇게 펴고,

2 **버터 양념장**을 만들고,

3 더덕에 버터 양념장을 고루 바르고,

4 중간 불로 달군 팬에 더덕을 얹어 노릇하게 굽고,

5 **고추장 양념장**을 만들고,

6 구운 더덕의 절반에는 고추장 양념장을 발라 중약 불에서 앞뒤로 1분씩 구워 마무리.

나물에 핀 튀김꽃 모둠나물튀김

다양한 나물을 활용해 바삭한 튀김을 만들어보세요.
오징어튀김처럼 튀김옷이 두꺼워지지 않게 반죽을 묽게 만들고
나물을 살짝만 적셔 기름에 흩뿌리듯 튀겨내세요.
바삭바삭 나물 향이 살아 있는 튀김이 된답니다.

2인분

필수 재료
봄나물(2줌),
튀김가루(2컵)
Tip 두릅, 방풍, 냉이를 사용했어요.

선택 재료
청양고추(1개)

초간장
간장(3)+식초(1)

1 나물은 깨끗이 씻어 체에 밭치고,

얼음을 넣으면 좀 더 바삭한 튀김을 만들 수 있어요. 반죽은 주르륵 흐를 정도의 묽은 상태로 만드세요.

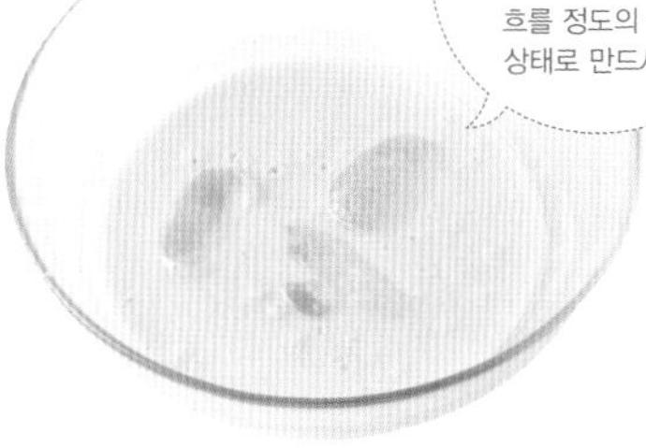

2 튀김가루($1\frac{1}{2}$컵)에 얼음(4~5개)과 찬물(1컵)을 넣어 섞고,

튀김가루는 최대한 얇게 입혀요.

3 나물에 반죽→튀김가루($\frac{1}{2}$컵)순으로 튀김옷을 입히고,

나무젓가락을 넣어 2~3초 뒤 기포가 생기면 적당한 온도예요.

4 180℃로 달군 식용유(5컵)에 튀김옷을 입힌 나물을 바삭하게 튀기고,

5 키친타월에 올려 기름을 빼고,

6 청양고추는 송송 썰어 씨를 털어내고 초간장에 섞은 뒤 튀김에 곁들여 마무리.

SPECIAL SEASONING

매콤 달콤 소스가 진리 깐풍우엉

웬만한 보양식 재료에 버금가는 영양만점 제철 우엉!
바삭한 튀김옷과 아삭아삭 씹히는
우엉이 어우러져 고기보다 맛있답니다.
씹을수록 은은하게 퍼지는 우엉 향도 천천히 음미해보세요.

4인분

필수 재료
우엉(30cm), 당근($\frac{1}{4}$개),
청 · 홍고추(1개씩),
대파($\frac{2}{3}$대=7cm),
녹말가루(4)

깐풍소스
설탕(1.5)+물(3)+
청주(2)+간장(2)+
식초(1.5)+굴소스(1)

튀김반죽
녹말가루(1컵)+
달걀흰자(1개)+물(6)

양념
식초(1), 소금(0.1),
고추기름(2)

1

깐풍소스를 만들고,

2

껍질을 벗긴 우엉은 어슷 썰어 식촛물(물2컵+식초1)에
10분간 담갔다가 헹궈 체에 밭치고,

3

당근, 고추, 대파는 굵게 다지고,

4

우엉은 키친타월로 물기를 닦아 소금(0.1)과
녹말가루(4)에 버무린 뒤 **튀김반죽**을 입히고,

5

180℃로 달군 식용유(2컵)에 옅은 황금빛이
돌 때까지 튀기고,

6

중간 불로 달군 팬에 고추기름(2)을 둘러
다진 채소를 볶다가 깐풍소스를 넣어 끓어오르면
튀긴 우엉을 넣고 가볍게 버무려 마무리.

막걸리의 새 친구 **불고기파전**

비 오는 날이면 자동으로 떠오르는 파전에
누구나 좋아하는 불고기를
올리니 맛이 없을 수가 없겠죠?
달큰한 불고기를 쪽파가 풋풋하게 받쳐주네요.
불고기 양념이 들어가 간장 없이도 심심하지 않아요.

2인분

필수 재료
쇠고기 불고기용(100g),
쪽파($1\frac{1}{3}$줌),
부침가루(1컵)

선택 재료
홍고추(1개)

양념
설탕(0.7)+간장(1)+
다진 파(0.7)+
다진 마늘(0.5)+
참기름(0.3)+
부순 참깨(0.2)+
후춧가루(약간)

1

쇠고기는 키친타월에 밭쳐 핏물을 뺀 뒤 **양념**에 버무려 10분간 두고,

2

쪽파는 6cm 길이로 썰고, 홍고추는 어슷 썰고,

3

볼에 부침가루(1컵), 찬물(1컵), 채소를 넣고 고루 섞어 반죽을 만들고,

4

중간 불로 달군 팬에 식용유를 넉넉하게 두른 뒤 반죽을 펼치고,

5

불고기를 올려 밑면이 노릇해지도록 3~4분간 구운 뒤 뒤집어 2~3분간 더 구워 마무리.

파전 대신 오늘은! 해물미나리전

미나리 좋은 건 다 아시죠? 향도 참 좋고요.
해물파전에 파 대신 제철 미나리로 산뜻하게 구워봤어요.
오동통한 해산물을 더하고 달걀물을 부어 도톰하게 구우니
술 한잔 생각이 절로 나네요.
여러분이 상상하는 그 맛 그대로! 굽는 순간부터
꼬순내가 진동하는 매력 덩어리 반찬이랍니다.

2인분

필수 재료
미나리(1줌), 손질한 오징어 몸통($\frac{1}{2}$마리), 새우살($\frac{1}{2}$컵), 부침가루(3), 달걀(1개)

선택 재료
홍고추(1개), 조갯살($\frac{1}{3}$컵)

소금물
물(1컵)+소금(0.3)

반죽 재료
부침가루($\frac{3}{4}$컵)+물($\frac{3}{4}$컵)

1
미나리는 잎과 지저분한 부분을 제거하고, 홍고추는 어슷 썰고,

2
오징어는 먹기 좋은 크기로 썰고, 새우살과 조갯살은 **소금물**에 흔들어 씻고,

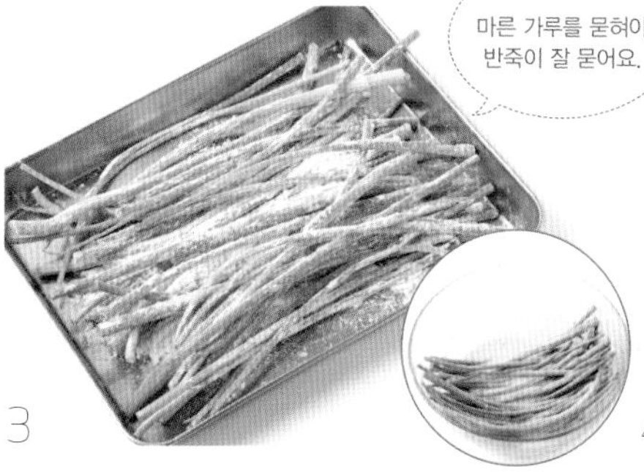

3
미나리는 부침가루(3)를 묻힌 뒤 반죽 재료에 담가 버무리고,

4
중간 불로 달군 팬에 식용유(4)를 둘러 반죽에 버무린 미나리를 올리고,

5
손질한 해산물과 홍고추를 올린 뒤 달걀을 풀어 붓고,

6
아랫면이 노릇하게 익으면 뒤집어 중약 불에서 3~4분간 더 익혀 마무리.

정성이 아깝지 않은 양배추치즈전골

양배추를 아주 맛있게, 많이 먹을 수 있는 메뉴예요.
사실 좀 손은 가는데요. 맛을 보는 순간 그냥 모든 게 보상돼요.
먼저 한 겹씩 벗긴 양배추와 닭고기 완자를 함께 먹고요.
우엉과 버섯 향을 가득 품은 구수한 국물로 마무리~
국물이 진짜 진국이라 자꾸만 떠먹게 된답니다.

3~4인분

필수 재료
양배추($\frac{1}{4}$통=450g), 표고버섯(2개), 우엉(20cm), 닭가슴살(2쪽), 우유(2컵), 슬라이스 체다치즈(1장)

선택 재료
당근($\frac{1}{8}$개), 양파($\frac{1}{6}$개)

양념
소금(0.1), 후춧가루(약간), 밀가루(1), 국간장(1.5)

1

양배추는 랩으로 감싸 전자레인지에 8분간 돌려 익히고,

2

표고버섯과 우엉은 납작 썰고, 당근과 양파는 다지고,

3

닭가슴살도 곱게 다져 당근, 양파, 소금(0.1), 후춧가루, 밀가루(1)를 넣어 반죽하고,

4

한입 크기로 동그랗게 닭고기완자를 빚고,

5

마른 팬에 버섯과 우엉이 노릇해지도록 중간 불로 굽고,

6

믹서에 구운 채소와 우유(2컵), 국간장(1.5)을 넣어 곱게 갈고,

7

냄비에 옮겨 붓고 중간 불에서 끓어오르면 닭고기완자를 넣어 익히고,

8

완자 색이 하얗게 변하면 양배추를 넣고 치즈를 얹어 마무리.

식사 전 속을 편안하게 **들깨죽**

아침식사로 좋은 고소하고 부드러운 들깨죽.
속을 워밍업하는 식전 메뉴나 마지막에 가벼운 식사로 내어도 좋아요.
만들기도 간단하고 소화도 잘돼서 어르신은 물론 아이들도 편안하게 먹기 좋답니다.
구운 버섯이나 대추, 잣을 곁들여 씹는 식감을 더해도 좋아요.

4인분

필수 재료
쌀(1컵),
거피 들깻가루(5),
소금(0.5)

tip 멥쌀과 찹쌀을 섞어 사용해도 돼요.

1
쌀은 2~3번 깨끗이 씻은 뒤 물에 담가 30분간 불리고,

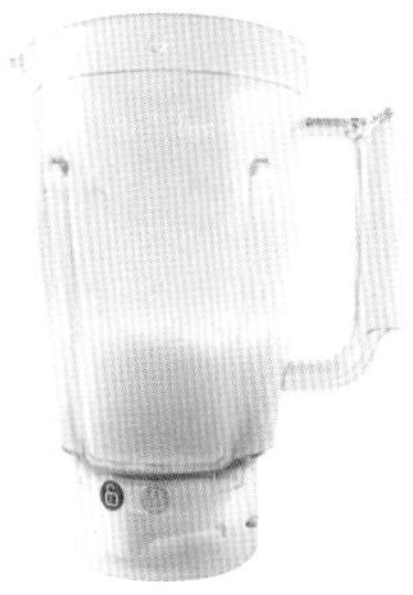

2
믹서에 쌀과 쌀 불린 물(2컵)을 넣어 갈고,

3
냄비에 넣고 물(4컵)을 부어 중간 불에 올린 뒤 믹서에 간 쌀을 바닥에 쌀이 눌어붙지 않게 고루 젓고,

4
끓어오르면 중약 불로 줄여 15~20분간 중간중간 저어가며 끓이고,

5
농도가 걸쭉해지면 들깻가루(5)를 넣어 고루 섞은 뒤 소금(0.5)으로 간해 마무리.

외유내강 죽 한 그릇 **감자버섯죽**

감자와 두부를 갈아 죽으로 만들어보세요.
국물에 녹아 있는 영양소까지 몽땅 섭취할 수 있고요.
칼로리는 낮고 섬유질이 풍부하니 다이어트식으로도 좋아요.
먹다 남은 찬밥 한 덩이로 죽을 끓이면 2명 이상 거뜬히 먹는답니다.

2인분

필수 재료
표고버섯(3개), 감자(1개), 두부($\frac{1}{2}$모=140g), 다진 쇠고기($\frac{2}{3}$컵=100g), 밥(1공기)

선택 재료
부추($\frac{1}{3}$줌)

양념
참기름(1), 국간장(1), 소금(약간)

1

표고버섯은 기둥을 뗀 뒤 납작하게 썰고, 부추는 송송 썰고, 감자는 껍질을 벗겨 큼직하게 썰고,

2

믹서에 감자, 두부, 물(3컵)을 넣어 곱게 갈고,

다진 쇠고기는 키친타월에 밭쳐 핏물을 뺀 뒤 사용해요.

3

중간 불로 달군 냄비에 식용유(1), 참기름(1)을 두르고 표고버섯, 다진 쇠고기를 넣어 1분간 볶고,

4

믹서에 간 재료와 밥, 국간장(1)을 넣어 밥알이 풀어질 때까지 끓이고,

5

불을 끄고 부추를 섞은 뒤 부족한 간은 소금으로 맞춰 마무리.

물리지 않는 달콤함

단호박죽밥

단호박에서 우러난 재료 본연의 달콤함으로 든든하게 배를 채워보세요.
호박죽에 밥을 반 공기 더해 오물오물 씹는 맛과 찰기를 더했어요.
풍부한 식감을 원한다면 밥을 갈지 않고 바로 냄비로,
고소함을 더하고 싶다면 우유 양을 늘려요.

2인분

필수 재료

단호박(1개=450g), 밥($\frac{1}{2}$공기)

선택 재료

우유($\frac{1}{2}$컵), 꿀(1), 호박씨(1)

호박씨가 없다면 다른 견과류나 부드럽게 삶은 콩으로 단백질을 보충하세요.

1

단호박은 2등분해 비닐백에 넣어 전자레인지에 5분간 돌린 뒤 한 김 식히고,

젓가락으로 찔렀을 때 부드럽게 들어갈 때까지 익혀요.

2

껍질을 벗기고 씨를 제거한 뒤 큼직하게 썰어 전자레인지에 5분 더 돌리고,

3

믹서에 단호박, 밥, 물(1컵)을 넣어 곱게 갈고,

눌어붙지 않도록 나무주걱으로 저어가며 걸쭉해질 때까지 끓여요.

4

냄비에 부어 중간 불로 끓이다가 농도가 되직해지면 우유($\frac{1}{2}$컵)를 넣어 5분간 더 끓이고,

꿀은 끓이면 향이 날아가니 그릇에 음식을 담고 나서 뿌려요.

5

그릇에 담은 뒤 꿀(1)과 호박씨(1)를 올려 마무리.

꼬순내 폴폴 풍기는 현미들깨닭죽

여름철 보양식에 닭이 빠지면 섭섭하죠.
하지만 삼계탕 한 그릇이 900kcal를 육박한다는 사실!
대신 닭가슴살과 현미를 넣어 푹 끓이고 들깻가루로 맛을 더한 닭죽을 추천합니다.
닭가슴살 한 팩 구입하면 고기 손질할 일 없으니 만들기도 훨씬 간편해요.

2인분

필수 재료
닭가슴살(2쪽), 자투리 채소(1컵), 대파(1대=10cm), 현미밥(1공기)
Tip 현미밥을 사용하면 더 구수해요.

선택 재료
잘 익은 배추김치($\frac{2}{3}$컵), 참기름(0.7), 부순 참깨(1), 들깻가루(1.5)

닭 삶는 재료
대파(1대=10cm), 양파($\frac{1}{2}$개), 양파 껍질(1~2개 분량), 마늘(5쪽)

양념
소금(0.1+약간), 후춧가루(0.1)

대파는 뿌리째 넣어야 시원한 국물 맛을 낼 수 있어요. 양파와 양파 껍질을 넣으면 닭누린내도 잡고 단맛을 낼 수 있어요.

1
냄비에 물(5컵)과 닭가슴살, **닭 삶는 재료**를 넣어 중간 불에서 끓어오르면 중약 불로 줄여 10분간 삶아 건지고,

자투리채소와 버섯을 다양하게 활용하세요.

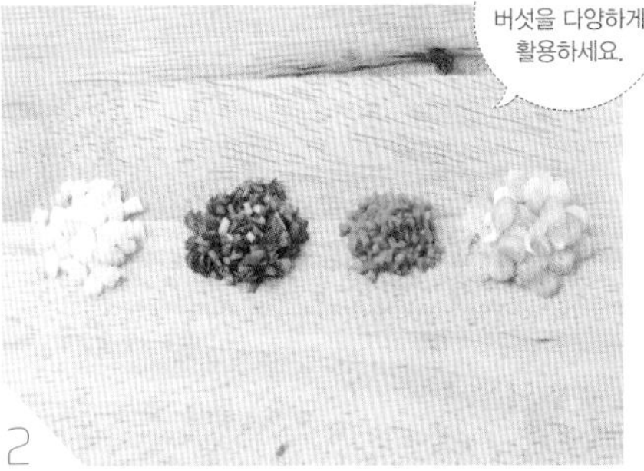

2
닭을 삶을 동안 자투리 채소는 곱게 다지고, 대파는 송송 썰고,

3
김치는 물에 헹궈 양념을 씻어낸 뒤 물기를 짜고 잘게 다지듯 채 썰어 참기름(0.7), 부순 참깨(1)에 버무리고,

닭고기와 김치무침에도 간이 되어 있으니 죽은 심심하게 간을 맞춰요.

4
육수에 밥을 넣고 중간 불에서 밥알이 퍼져 걸쭉해지면 다진 채소를 넣어 조금 더 끓인 뒤 밥알이 완전히 퍼지면 들깻가루(1.5)를 섞고 소금으로 간을 맞추고,

5
죽을 끓일 동안 삶은 닭가슴살은 결대로 찢어 소금(0.1), 후춧가루(0.1)를 넣어 버무리고,

닭고기를 죽에 넣고 살짝 끓여도 좋아요.

6
그릇에 죽을 담고 닭고기무침과 김치무침, 송송 썬 대파를 얹어 마무리.

빙수와 죽 사이 **냉단팥죽**

팥은 더운 기운과 독소를 빼줘 여름에 챙겨 먹으면 좋은데요.
팥빙수와 단팥죽이 지겹다면 둘의 장점만 모은 냉단팥죽이 정답!
묽게 끓여 훌훌 떠먹기 좋고 통팥도 알알이 씹힌답니다.
바닐라 아이스크림을 곁들여도 맛있어요.

3인분

필수 재료
팥(1컵)

선택 재료
계핏가루(적당량), 견과류(적당량)

양념
설탕(4), 소금(0.4)

찹쌀물
찹쌀가루(2.5)+소금(0.2)+물(5)

1

팥은 물을 2~3번 바꿔 살살 비벼가며 씻은 뒤 한나절 이상 불리고,
Tip 만들기 전날 밤 미리 불려두세요. 여름에는 실온에 두면 상할 수 있으니 냉장실에 보관하세요.

2

냄비에 불린 팥과 푹 잠길 정도의 물을 넣고 센 불로 10분간 끓인 뒤 물을 버리고,
Tip 팥을 삶은 첫물에는 사포닌 성분이 많아 쓴맛이 강하고 배탈이 날 수 있으니 버리고 새물에 삶아요.

3

냄비에 한 번 삶은 팥과 물(5컵)을 넣은 뒤 센 불에서 끓어오르면 중간 불로 줄여 30분간 삶고,

4

양념을 넣고 살짝 으깨지도록 주걱으로 눌러가며 10분간 끓이고,

5

찹쌀물을 붓고 걸쭉해질 때까지 끓이고,

6

간 얼음또는 얼린 우유 위에 올려 빙수처럼 즐겨도 좋아요.

계핏가루를 넣고 차갑게 식혀 그릇에 담고 견과류를 올려 마무리.

5분 만에 완성되는 **볶음라면**

야키소바를 만만한 라면으로 재현했어요.
짭조름한 양념장에 맛있게 볶은 재료들을
노른자에 버무리면 고소하고 부드러운 맛이 살아나요.
우동면이나 스파게티가 있다면 대신해도 좋아요.

1인분

필수 재료
양배추(2장),
베이컨(3줄),
라면사리(1개), 달걀(1개)

선택 재료
당근($\frac{1}{4}$개)

양념장
설탕(0.3)+간장(1)+
물(3)+굴소스(2.5)+
후춧가루(약간)

1
양배추, 당근, 베이컨은 도톰하게 납작 썰고,

2
양념장을 만들고,

3
끓는 물(3컵)에 라면사리를 넣어 3분간 삶아 건지고,

4
라면이 익는 동안 팬을 중간 불로 달궈 식용유(2)를 둘러 반숙으로 달걀프라이를 해 건지고,

5
같은 팬에 당근, 베이컨을 넣어 30초간 볶고,

6
나머지 재료와 양념장을 넣고 센 불로 올려 재빠르게 볶은 뒤 프라이를 얹어 마무리.

진한 국물 맛이 예술 **오징어라면**

1인분

필수 재료

마른 오징어(1마리), 라면(1봉)

배터지게 먹고도 왠지 허기지는 밤, 라면만 한 것도 없죠?
구워만 먹던 마른 오징어를 라면에 넣어보세요.
구수한 오징어 맛이 국물에 우러나와 술안주로 딱이에요.
짜장라면, 짬뽕맛라면, 순하거나 매콤한 라면 어디에나 잘 어울리고,
먹을수록 오징어의 맛과 향이 더욱 진해진답니다.

1

냄비에 물(3컵)과 오징어를 넣어 중간 불로 끓이고,

오징어에도 짠맛이 있으니 라면 포장지에 적힌 물양보다 조금 더 넣어요.

2

끓어오르면 동봉된 분말수프와 다시마, 후레이크를 넣고,

3

다시 한 번 끓어오르면 면을 넣고 2분 30초 정도 끓인 뒤 오징어를 먹기 좋게 잘라 마무리.

든든하게 채운다! 순두부라면

면만 먹기 조금 아쉬울 땐 포만감 가득한 순두부를 더해보세요.
청양고추와 고춧가루를 넣어 칼칼하게 끓이면
식사와 술안주가 한 번에 해결된답니다.
면은 불기 전에 얼른 건져 먹고 순두부와 국물은 천천히 즐기세요.

2인분

필수 재료
대파 흰 부분(1대), 느타리버섯(1줌), 순두부(1봉), 라면(1봉)

선택 재료
청양고추(1개)

양념
고춧가루(1.5), 다진 마늘(0.5)

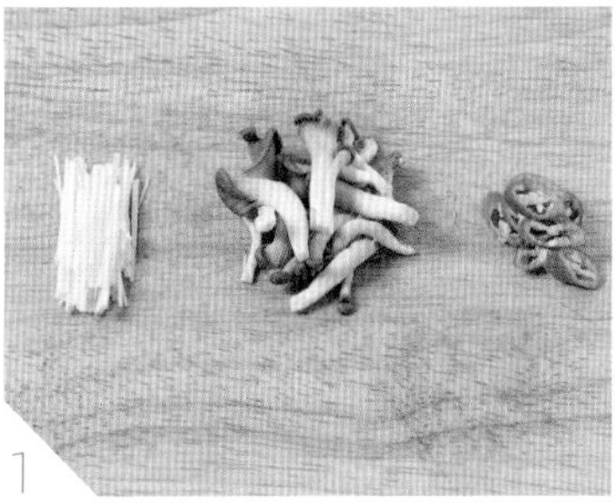

1

대파는 5cm 길이로 채 썰고, 느타리버섯은 잘게 찢고, 청양고추는 어슷 썰고,

2

냄비에 식용유(1)와 **양념**을 넣어 중약 불로 2분간 볶고,

3

물(2컵)을 넣어 끓어오르면 라면과 동봉된 분말수프, 순두부, 버섯을 넣어 3분 30초간 끓여 불을 끈 뒤 대파와 청양고추를 올려 마무리.

MADE IN
McILHENNY
BRAND

맛있게 맵다 불라볶이

국물 라면 인기 못지않은 라볶이는 남녀노소 모두에게 사랑받는 분식이에요.
일반 라면으로 끓여도 좋지만, 매운 라면으로 매콤한 듯,
새콤달달함을 추가해 라볶이를 끓여보세요.
매운 걸 잘 못 드시는 분들은 달짝지근한 유부초밥과 함께 곁들여도 좋아요.

1인분

필수 재료

떡볶이떡 또는 떡국떡(1줌), 어묵(1장), 불닭볶음면(1봉)

Tip 일반 라면을 사용해도 좋아요.

선택 재료

대파(1대=10cm)

양념

설탕(1), 케첩(2)

Tip 단 게 싫다면 설탕은 빼도 좋아요.

1

떡국떡(1줌)은 물에 담가 불리고,
대파는 송송 썰고, 어묵은 한입 크기로 썰고,

2

냄비에 물(3컵)을 붓고 중간 불에서 끓어오르면
불닭볶음면 스프, 후레이크, 설탕(1)을 넣어 끓이고,

3

끓어오르면 면을 넣고,

4

다시 끓어오르면 떡을 넣고,

5

면발이 적당히 풀어지면 어묵, 대파, 케첩(2)을
넣고 걸쭉한 농도가 날 때까지 졸여 마무리.

감칠맛으로 무장! 간장비빔쫄면

매운 음식 못 먹는 사람도 부담 없는 쫄면!
야들야들한 돼지고기에 액젓의 감칠맛이 밴 양념장을 더한 쫄면의 신세계랍니다.
돼지고기와 찰떡궁합 부추까지 소복하게 올리니 입안이 정화되는 기분!

1인분

필수 재료
부추(10줄기),
돼지고기
(안심 또는 등심100g),
쫄면(1줌=170g)

선택 재료
풋고추($\frac{1}{2}$개), 식초(1)

고기 양념
설탕(0.3), 간장(1),
다진 마늘(0.3)

양념장
멸치액젓(0.3), 간장(0.7),
식초(2.5), 물엿(2)

1

부추는 5cm 길이로 썰고, 풋고추는 어슷 썰고,

2

돼지고기는 키친타월에 받쳐 핏물을 뺀 뒤 굵게 채 썰어 **고기 양념**에 5분간 재우고,

3

양념장을 만들고,

4

끓는 물(5컵)에 쫄면과 식초(1)를 넣어 4분간 삶은 뒤 찬물에 헹궈 물기를 빼고,

5

중간 불로 달군 팬에 식용유(0.5)를 둘러 고기를 4분간 볶고,

6

쫄면 위에 볶은 고기와 부추, 고추를 올리고 양념장을 끼얹어 마무리.

새콤달콤 더위 쫓는 김치말이콩나물국수

더운 여름 간절하게 생각나는 시원한 김치말이국수 한 그릇.
콩나물 삶은 물로 개운함을 더하고
송송 썬 김치와 콩나물무침으로 아삭한 식감까지 살렸어요.
면이 지겨운 날엔 밥을 말아도 잘 어울려요

2인분

필수 재료
콩나물(2줌), 김치(1컵), 소면(2줌)

육수 재료
다시마(1장=10×10cm), 소금(0.2), 김칫국물(1컵), 설탕(0.5), 식초(1)

콩나물 양념
다진 마늘(0.5), 참기름(0.5), 부순 참깨(0.3)

김치 양념
설탕(0.5), 참기름(0.5)

1 냄비에 콩나물, 다시마, 소금(0.2), 물(3컵)을 넣고 중간 불에서 끓어오르면 다시마를 건진 뒤 3분간 더 끓이고,

2 콩나물은 건져 식히고, 콩나물 삶은 국물은 김칫국물, 설탕(0.5), 식초(1)와 섞어 체에 걸러 냉장실에 차게 두고,

3 김치는 채 썰고,

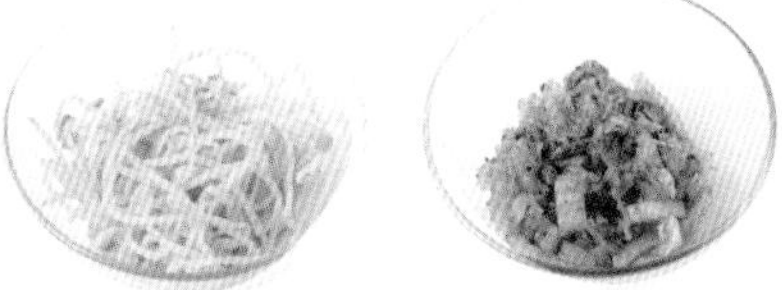

4 콩나물은 **콩나물 양념**에, 김치는 **김치 양념**에 무치고,

5 끓는 물(6컵)에 소면을 넣어 흰 심지가 보이지 않을 때까지 약 3분간 삶은 뒤 찬물에 헹궈 물기를 빼고,

6 그릇에 소면을 담고 콩나물무침과 김치무침을 얹은 뒤 차게 식힌 육수를 부어 마무리.

생과일로 상큼함 살린 키위비빔국수

매콤한 양념장과 새콤한 키위의 맛이 어우러지는 새콤달콤 비빔국수예요.
씹을 때마다 키위씨가 톡톡 터지는 식감이 참 좋답니다.
말랑한 키위는 더 단맛을, 단단한 키위는 더 새콤한 맛을 내니 취향대로 골라 사용하세요.

2인분

필수 재료
오이($\frac{1}{3}$개), 소면($1\frac{1}{2}$줌)

선택 재료
달걀(1개), 소금(0.2)

비빔양념장
키위(1개)+
다진 마늘(0.5)+
고추장(1.5)+식초(1)+
올리고당(0.7)+
참기름(0.5)+
부순 참깨(0.3)

절반만 굵게 다져 식감을 살려요.

1

키위 절반은 굵게 다지고 나머지는 포크로 으깬 뒤 나머지 **비빔양념장** 재료에 모두 넣어 섞고,

2

물(1컵)에 소금(0.2), 달걀을 넣어 15분간 삶아 껍질을 벗겨 4등분하고,

3

오이는 채 썰고,

소면을 넣고 물이 끓어오르면 찬물(2컵)을 2~3번 나눠 부어야 물이 끓어 넘치지 않고 면이 더 쫄깃해요.

4

끓는 물(6컵)에 소면을 넣어 흰 심지가 보이지 않을 때까지 약 3분간 삶은 뒤 찬물에 헹궈 물기를 빼고,

키위 조각을 올리면 예뻐요.

5

그릇에 소면을 담고 비빔양념장과 오이, 달걀을 얹어 마무리.

칼칼하고 구수한 맛 매콤버섯칼국수

멸치육수에 고추장과 된장을 넣고 진득하게 끓여 맛보세요.
미리 육수만 만들어두면 칼국수 만들기도 만만하답니다.
칼칼하고 구수한 국물에 살짝 퍼진 듯한 면발이 또 매력!
출출할 땐 남은 국물에 밥을 말아 마무리하세요.

1인분

필수 재료
표고버섯(2개),
애호박($\frac{1}{4}$개),
칼국수면(1인분=150g)
Tip 감자를 넣어도 잘 어울려요.

육수 재료
국물용 멸치(10마리),
다시마(1장=5×5cm),
물(3$\frac{1}{2}$컵)
Tip 멸치는 내장을 제거해 준비해요.

양념장
고춧가루(0.5)+
다진 마늘(0.3)+
국간장(0.5)+된장(0.3)+
고추장(1)

1

냄비에 **육수 재료**를 넣어 끓어오르면 다시마를 건져 10분간 더 끓이고,

2

표고버섯과 애호박은 납작하게 썰고,

3

육수에 멸치를 건져낸 뒤 **양념장**을 풀고,

4

버섯과 애호박을 넣어 끓이고,

면의 전분기를 헹궈내야 국물이 탁해지지 않아요.

5

끓어오르면 찬물에 가볍게 헹군 칼국수면을 넣어 5분간 끓여 마무리.

식감이 난리 나는 미역찹쌀수제비

구수한 국물 맛이 일품인 수제비예요.
고소한 들깻국물에 푹푹 끓인 건더기가 따끈따끈~
찹쌀가루로 만든 쫀득한 새알심과 보드라운 미역의 식감을 즐기다 보면
한 그릇 금방 비운답니다.

2인분

필수 재료
마른 미역($1\frac{1}{2}$줌=15g),
황태채(1줌),
찹쌀가루($1\frac{1}{2}$컵)

양념
참기름(2), 소금(0.1),
거피 들깻가루(2),
국간장(2)

1

마른 미역은 찬물에 담가 20분 이상 불려
물기를 짠 뒤 먹기 좋게 썰고,

2

황태채는 찬물에 가볍게 헹구고,

타지 않도록 물을 조금씩 넣어가며 볶아요.

3

중약 불로 달군 냄비에 참기름(2)을 둘러
황태채와 미역을 볶고,

4

뽀얀 물이 나오면 물(5컵)을 부은 뒤
뚜껑을 덮어 중간 불로 20분간 끓이고,

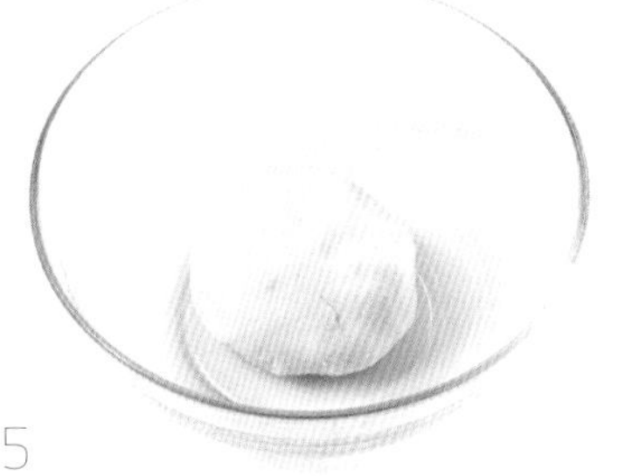

5

찹쌀가루에 소금(0.1), 끓는 물($\frac{1}{2}$컵)을 넣고
치대 말랑한 반죽을 만들고,

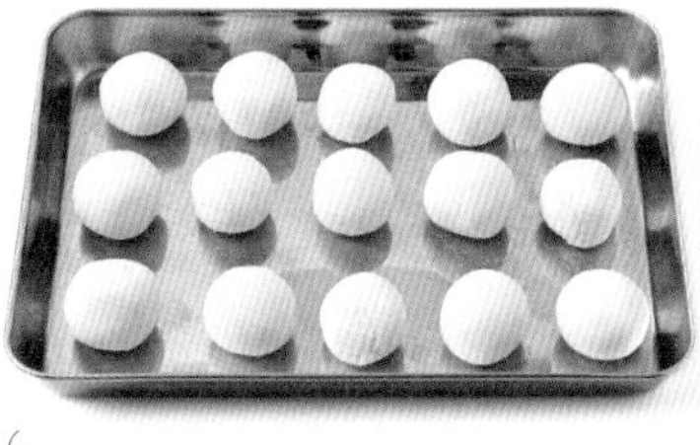

6

한입 크기로 둥글려 새알심을 빚고,

7

미역이 부드러워지면 거피 들깻가루(2),
국간장(2)을 넣어 5분간 끓이고,

부족한 간은 소금으로 맞춰요.

8

새알심을 넣고 떠오를 때까지 익혀 마무리.

온통 향기로 가득한 **깻잎간장파스타**

입맛 없을 때 샐러드처럼 즐기는 파스타예요.
깻잎에 청양고추, 생강까지 향기를 가득 머금고 있답니다.
레몬즙을 섞은 깔끔한 간장드레싱이라 전혀 느끼하지 않고요.
탱글거리는 새우를 더해 식감까지 정신없이 즐기게 돼요.

2인분

필수 재료
깻잎(12장),
스파게티(2줌=160g)

선택 재료
칵테일새우(1컵)

간장드레싱
생강($\frac{1}{3}$톨),
청양고추(1개),
레몬즙($\frac{1}{2}$개 분량),
간장(4), 물(2), 참깨(0.2)

양념
소금(1.3+약간),
올리브유(1),
후춧가루(약간)

1

깻잎과 생강은 채 썰고, 청양고추는 송송 썰고,

2

끓는 소금물(물5컵+소금1)에 칵테일새우를 넣어 20초간 데쳐 건지고,

면 삶은 물($\frac{1}{2}$컵)은 남겨둬요.

3

끓는 소금물(물4컵+소금0.3)에 스파게티를 넣어 9분간 삶아 건지고,

4

깻잎에 소금, 올리브유(1), 후춧가루를 넣어 가볍게 버무리고,

5

간장드레싱을 만들고,

6

간장드레싱을 넣고 버무려 마무리.

삼겹살 한 근으로 손님상 해결!

대패삼겹살파스타

쌀 씻고 밥 안칠 시간에 식사까지 끝내는 간단 파스타를 즐겨보세요.
아삭한 숙주, 야들야들 삼겹살을 넣고 한 번에 휘리릭 볶아만 주면 된답니다.
대패삼겹살파스타 한 그릇으로 근사한 손님맞이 상차림을 완성해보세요.

2인분

필수 재료
대패삼겹살(200g),
대파($1\frac{1}{2}$대=15cm),
숙주(1줌),
스파게티(2줌=200g)

선택 재료
풋고추(1개)

양념장
설탕(0.5)+간장(1.5)+
청주(1)+고추장(2)+
다진 마늘(0.5)+
다진 생강(0.3)+
올리고당(0.7)+참기름(0.5)+
부순 참깨(0.5)

양념
소금(0.3)

1

대패삼겹살은 먹기 좋게 썰어 **양념장**($\frac{2}{3}$분량)에 버무리고,

2

대파는 5cm 길이로 채 썰고, 풋고추는 송송 썰고, 숙주는 꼬리를 다듬고 깨끗이 씻어 건지고,

면 삶은 물($\frac{1}{2}$컵)은 남겨둬요.

3

끓는 소금물(물4컵+소금0.3)에 스파게티를 넣어 8분간 삶아 건지고,

4

센 불로 달군 팬에 식용유(1)를 둘러 대파와 양념한 대패삼겹살, 숙주를 넣어 40초간 빠르게 볶고,

5

면을 삶은 물($\frac{1}{2}$컵)과 삶은 스파게티, 남은 양념장을 넣어 가볍게 섞고,

6

그릇에 스파게티를 담고 풋고추를 얹어 마무리.

PART 7

명절요리

점점 간소화되고 있지만 한국인이라면 알아두면 좋을 명절요리예요.
입맛 다양한 가족들이 모여도 문제없는 자신만만 레시피죠.
삼색나물이나 산적, 각종 전 요리처럼 아주 기본이 되는 레시피부터
손쉽게 만드는 잡채, 더덕을 곁들인 너비아니, 호불호 없는 육전까지
풍성한 마음만큼 든든하게 속을 채울 명절요리를 만나보세요.

고소함을 후루룩~ **미역들깨떡국**

고소함이 매력인 건강하고 간편한 한 끼예요.
고기육수 없이도 맛있는 떡국이 뚝딱 차려지거든요.
배는 고프고 밥할 시간은 기다리기 어려울 때 만들어보세요.

2인분

필수 재료
마른 미역(1줌=16g),
거피 들깻가루(5),
떡국떡(2줌)
Tip 불린 미역으론 $1\frac{1}{2}$컵

양념
들기름(1), 다진 마늘(1),
국간장(1), 참치액(1),
소금(약간)

1

미역은 찬물에 담가 15분간 불린 뒤 4cm 길이로 썰고,

2

냄비에 들기름(1)을 두르고 다진 마늘(1)을 넣어 중간 불로 40초간 볶고,

3

불린 미역과 국간장(1)을 넣어 달달 볶고,

4

미역이 부드러워지면 물($4\frac{1}{2}$컵)을 부은 뒤 참치액(1)을 넣어 끓이고,

부족한 간은 소금으로 맞추세요.

5

거피 들깻가루와 떡을 넣고 떡이 떠오를 때까지 끓여 마무리.

쓴맛 잡고 달콤한 맛 살린

더덕너비아니

간장 양념에 더덕을 재워 구우면 쌉쌀한 맛은 쏙 빠지고 달콤 짭조름한 맛이 살아나요.
고기를 곁들여 구우면 풍미가 더해져 정말 깊은 맛이 난답니다.
더덕을 두드려 펴서 구워 냈기 때문에 더덕 향이 은은하게 퍼져요.
너비아니를 한입 크기로 잘라 카나페처럼 먹어도 좋아요.

2인분

필수 재료
더덕(3대),
쇠고기 구이용(1$\frac{1}{3}$컵=200g)

선택 재료
잣가루(약간)

양념
굵은 소금(0.5)

양념장
설탕(1)+다진 파(0.5)+
다진 마늘(0.3)+
간장(1.5)+참기름(0.5)+
부순 참깨(약간)+
후춧가루(약간)

1

더덕은 껍질을 돌려가며 벗겨
소금물(물2컵+굵은 소금0.5)에 10분 정도 담가
쓴맛을 제거한 뒤 깨끗이 씻어 길게 등분하여
방망이로 지그시 눌러가며 넓게 펴고,

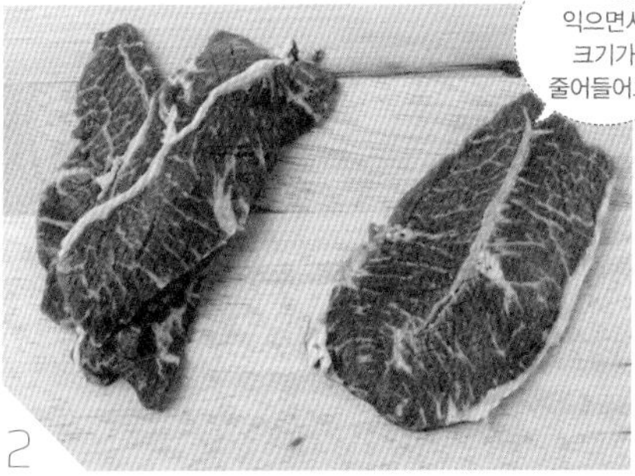

2

쇠고기는 잔칼집을 낸 뒤 더덕보다 조금 더 크게
자르고,

3

더덕과 쇠고기에 **양념장**을 각각 넣고 버무려
간이 충분히 배도록 20~30분간 두고,

4

중간 불로 달군 팬에 식용유(1)를 둘러 더덕과
너비아니를 함께 올려 앞뒤로 노릇하게 굽고,

5

그릇에 더덕과 고기를 번갈아 담고 잣가루를
뿌려 마무리.

기대 이상의 별미가 되는 삼색나물

한국인 밥상에 이 삼색나물이 절대 빠질 수 없죠.
나물마다 조리법과 양념이 조금씩 다른 만큼 만드는 법을 꼭 배워두세요.
갈비찜과 전에 밀려 외면받던 신세는 그만! 자꾸만 손이 가도록 맛있게 만들었어요

시금치나물

소금을 넣고 살짝만 데치니 색이 푸릇푸릇!
물은 꼭 짜내 싱거워지지 않도록 해요.

2인분

필수 재료
시금치(1단=300g)

양념
소금(0.7), 다진 파(1),
다진 마늘(0.3),
참기름(0.5), 참깨(0.3)

1

시금치는 뿌리만 잘라내 먹기 좋게 가르고,

2

끓는 소금물(물10컵+소금0.5)에 시금치를 줄기 쪽부터 넣어 10초간 데쳐 찬물에 2~3번 헹궈 물기를 꽉 짜고,

3

시금치에 소금(0.2)을 넣어 간이 배게 조물 조물 무치고,

4

다진 파(1), 다진 마늘(0.3)을 넣어 한 번 더 고루 무치고,

5

참기름(0.5), 참깨(0.3)를 넣고 고루 버무려 마무리.

고사리나물

볶기 전에 밑간에 버무리면 속까지
간이 잘 배요.
부드러우면서도 쫀득해 입에 짝짝 붙네요.

2인분

필수 재료

삶은 고사리($1\frac{1}{2}$줌=200g), 다시마육수($\frac{1}{3}$컵)

Tip 다시마육수는 찬물($\frac{2}{3}$컵)에 다시마(1장=5×5cm)를 넣어 10분간 우린 뒤 다시마는 건져내서 사용해요.

밑간

국간장(1), 다진 파(1), 다진 마늘(0.5), 들기름(0.8)

양념

참기름(0.3), 참깨(0.3)

1

고사리는 6~7cm 길이로 등분한 뒤 끓는 물에 부드럽게 삶고,

2

고사리에 **밑간**을 조물조물 버무리고,

3

중간 불로 달군 팬에 식용유(0.3)를 둘러 고사리를 3분간 볶고,

4

다시마육수($\frac{1}{3}$컵)를 넣고 물기가 없어질 때까지 볶고, **양념**을 넣고 한 번 더 볶아 마무리.

도라지나물

소금으로 쓴맛도 잡고 간도 하고 1석 2조!
들기름을 추가해 고소함이 두 배랍니다.

2인분

필수 재료

도라지(2줌=200g), 소금(1), 다시마육수($\frac{1}{3}$컵)

Tip 다시마육수는 찬물($\frac{2}{3}$컵)에 다시마(1장=5×5cm)를 넣어 10분간 우린 뒤 다시마는 건져내서 사용해요.

양념

다진 파(1), 다진 마늘(0.5), 참기름(0.3), 들기름(0.3), 참깨(0.1)

1

도라지는 소금(1)을 넣어 손으로 주물러 쓴맛을 뺀 뒤 여러 번 헹구고,

2

중간 불로 팬에 달군 식용유(0.3)를 둘러 도라지를 2분간 볶다가 다시마육수($\frac{1}{3}$컵)를 넣어 부드럽게 볶고,

3

물기가 거의 없어지면 다진 파(1), 나머지 **양념**을 넣고 볶아 마무리.

굽기의 혁신 **간단산적**

번거로운 산적도 부침개 하듯 쉽게 만들 수 있어요.
긴 재료를 나란히 올리고 사이사이를 달걀물로 채워 재료를 밀착해요.
뒤집기 한 판에 무지개처럼 예쁜 산적이 세 개!
이 정도면 혼자서도 전 부칠 만하네요.

12개 분량

필수 재료
새송이버섯(1개), 쪽파(8대), 맛살(4줄), 햄($\frac{1}{3}$개=100g), 달걀(2개), 밀가루($\frac{1}{2}$컵)

양념
소금(약간)

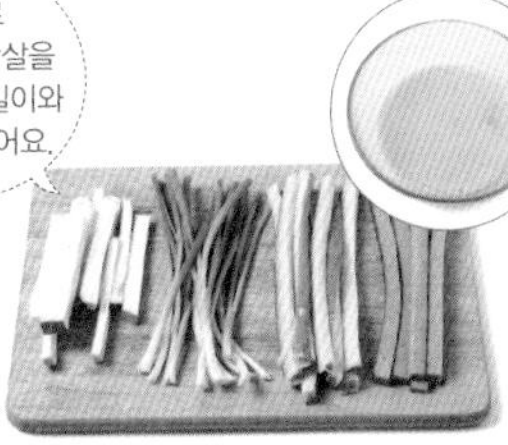

1

새송이버섯, 쪽파, 맛살, 햄을 같은 길이와 폭으로 썰고, 달걀은 소금을 넣어 곱게 풀고,

2

손질한 재료에 밀가루($\frac{1}{2}$컵)를 고루 묻히고,

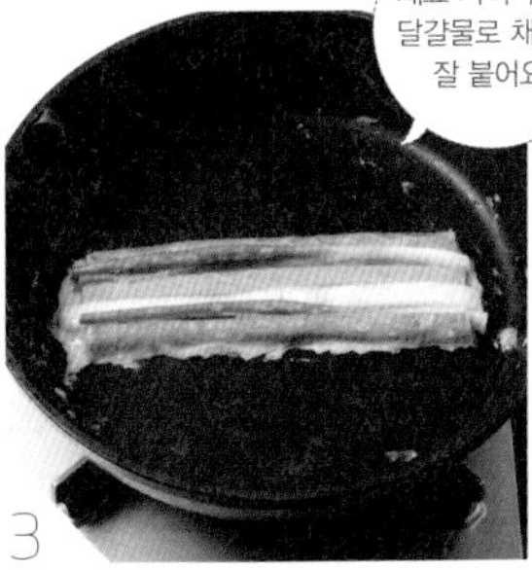

3

중간 불로 달군 팬에 식용유(1)를 둘러 맛살 → 쪽파 → 햄 → 새송이버섯 → 쪽파 → 맛살 순으로 달걀물을 묻혀 팬 위에 붙여 올리고,

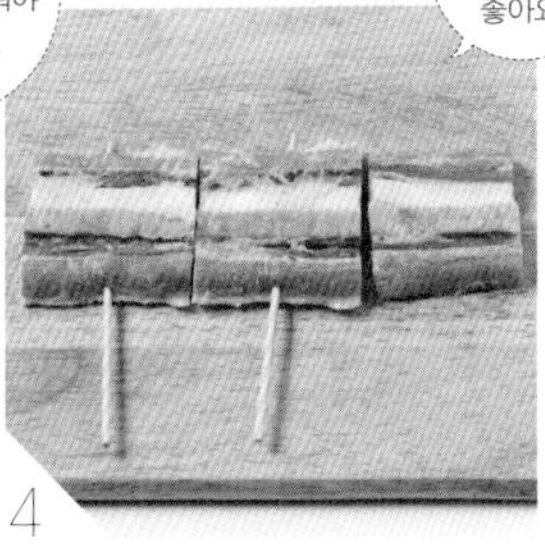

4

밑면이 노릇하게 익으면 뒤집어 익히고 3등분해 마무리.

채소만 넣어도 이렇게 맛있네?

고추전

보기만 해도 군침 도는 메뉴예요.
반죽에 고추를 아낌없이 썰어 넣어 아삭아삭.
양파와 호박의 은은한 단맛도 듬뿍!
청양고추를 섞어 매콤하게 맛봐도 정말 맛있어요.

2인분

필수 재료

아삭이고추(10개), 양파($\frac{1}{4}$개), 애호박($\frac{1}{5}$개), 부침가루($\frac{2}{3}$컵)

선택 재료

당근($\frac{1}{5}$개)

1 고추는 송송 썰고,

2 양파와 애호박, 당근은 채 썰고,

3 볼에 부침가루($\frac{2}{3}$컵)와 물($\frac{2}{3}$컵)을 섞어 반죽을 만들고,

4 반죽에 모든 재료를 넣어 고루 섞고,

5 중간 불로 달군 팬에 식용유(2)를 두른 뒤 반죽을 얹고,

6 앞뒤로 노릇하게 구워 마무리.

고소한 순둥이 부침개 **연근비지전**

비지에 연근을 갈아 넣어 전을 부쳤더니 빈대떡보다 쫀득하고 고소해요.
여기에 얇게 썬 연근을 올려 아삭한 식감까지!
정성 들인 만큼 맛도 모양도 정갈해요.

4인분

필수 재료
연근(15cm=200g),
콩비지(1컵=100g),
달걀(1개), 부침가루(4)

양념
소금(0.2)

1

연근은 껍질을 벗겨 $\frac{1}{4}$분량은 얇게 납작 썰고, 나머지는 강판에 곱게 갈고,

2

콩비지와 간 연근, 달걀, 부침가루(4), 소금(0.2)을 섞고,

3

팬에 식용유를 넉넉히 둘러 중간 불로 달군 뒤 한 숟가락씩 반죽을 떠 얹고,

4

반죽 위에 썰어둔 연근을 올리고 살짝 눌러 반죽에 붙이고,

5

밑면이 노릇해지면 뒤집어 2분간 더 익혀 마무리.

완자를 껴안은 호박

애호박완자전

호박전도 동그랑땡도 모두 먹고 싶을 때 딱 좋은 일타쌍피 전이에요.
아삭한 애호박 속을 담백한 고기로 채운 먹음직스러운 비주얼이
손님상이나 명절날에도 제격이죠?
초간장에 찍어 먹으면 간이 딱 맞아요.

2인분

필수 재료

애호박(1개),
다진 쇠고기(50g),
밀가루($\frac{1}{3}$컵), 달걀(2개)
Tip 쇠고기는 키친타월에
밭쳐 핏물을 빼요.

양념

소금(0.2)

양념장

소금(0.1)+다진 마늘(0.2)+
참기름(0.2)+
후춧가루(약간)

초간장

간장(1)+물(1)+식초(1)

1

애호박은 7mm 두께로 납작 썰고,

2

애호박의 속을 둥근 모양으로 판 뒤 소금(0.2)을
뿌려 10분간 절이고,

3

쇠고기에 **양념장**을 넣어 버무리고,

4

애호박 속을 파낸 부분에 밀가루를 묻힌 뒤
양념한 쇠고기로 채우고,

5

애호박에 밀가루 → 달걀물 순으로 고루 묻히고,

6

중약 불로 달군 팬에 식용유(3)를 두르고
앞뒤로 노릇하게 구워 **초간장**을 곁들여 마무리.

겉은 바삭 속은 촉촉 **연근닭고기전**

칼로리 걱정 덜어주는 닭가슴살과
아삭한 연근을 갈아 전으로 만들어보세요.
모양은 동그랑땡과 비슷하지만 닭가슴살을 넣어 담백하고
연근의 식감이 더해졌어요.
부추 대신 깻잎을 넣어 향긋한 손님상 요리로 올려도 좋아요

4인분

필수 재료
양파($\frac{1}{4}$개), 부추($\frac{1}{2}$줌),
닭가슴살(1쪽=130g),
연근($\frac{2}{3}$컵 분량=110g),
달걀(1개), 부침가루(5)

선택 재료
붉은 고추(1개)

밑간
소금(0.1), 후춧가루(0.1),
청주(1), 다진 마늘(1)

양념
소금(0.1)

1

양파는 채 썰어 2~3등분하고, 부추는 2cm 길이로 썰고, 고추는 송송 썰고,
Tip 고추 대신 피망을 굵게 다져 넣어도 좋아요.

2

닭가슴살은 굵게 다져 **밑간**하고,

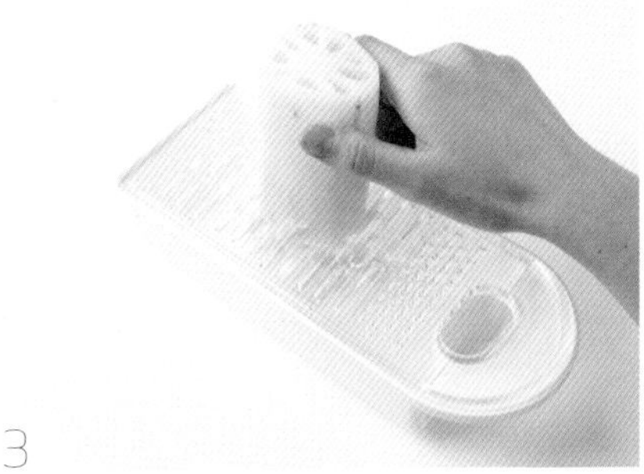

3

연근은 껍질을 벗겨 강판에 갈고,
Tip 감자칼로 껍질을 벗기면 쉬워요.

4

볼에 달걀, 소금(0.1)을 넣고 곱게 푼 뒤 간 연근을 넣어 섞고,

5

닭가슴살, 양파, 부추, 고추를 넣어 버무린 뒤 부침가루(5)를 넣고 마른 가루가 없도록 섞고,

6

중간 불로 달군 팬에 식용유를 두르고 먹기 좋은 크기로 반죽을 올려 앞뒤로 노릇하게 구워 마무리.
Tip 식용유는 팬 바닥에 얇게 깔릴 정도로 둘러요.

막걸리와 환상의 짝꿍 **빈대떡**

명절 음식에서 빼놓을 수 없는 메뉴죠?
겉은 과자처럼 바삭바삭, 속은 촉촉한 비결은
바로 넉넉한 기름의 양!
씹을수록 녹두 특유의 고소함과 숙주의 아삭함이 돋보이네요.
양파절임까지 곁들여 개운하게 맛보세요.

2장 분량

필수 재료
거피녹두(2컵), 숙주(2줌), 대파(1대=10cm), 찹쌀가루(4)
Tip 연한 녹색의 녹두로 껍질을 벗겨서 판매해요.

양념
소금(0.2), 맛술(2), 다진 마늘(1)

1

녹두는 5시간 불린 뒤 손으로 바락바락 주물러 껍질을 벗기고,
Tip 불린 물로 비벼야 녹두껍질이 잘 벗겨져요.

2

숙주는 흐르는 물에 가볍게 헹궈 2등분하고, 대파는 어슷 썰고,

3

믹서에 불린 녹두, 물($\frac{1}{2}$컵), 찹쌀가루를 넣어 곱게 갈고,
Tip 찹쌀가루를 넣으면 구울 때 모양 잡기도 편하고 쫀득하고 부드러운 식감을 살릴 수 있어요.

4

녹두반죽에 **양념**과 숙주, 대파를 넣어 섞고,

5

중간 불로 달군 팬에 식용유를 넉넉히 두르고 반죽을 얹어 앞뒤로 노릇하게 구워 마무리.
Tip 한 장에 식용유 $\frac{1}{2}$컵 정도!

고소하게 씹히는 식감이 일품 **육전**

구워 먹고 삶아 먹고 어떻게 먹어도 고기는 늘 진리죠.
촉촉한 육즙 위로 얇은 달걀옷을 걸쳐 노릇하게 구웠답니다.
알싸하고 매콤한 파절이를 곁들이는 스타일로도,
새콤한 묵은지에 싸 먹는 스타일로도 즐겨보세요.

2인분

필수 재료
쇠고기 불고기용(300g), 달걀(2개), 찹쌀가루(1컵)
Tip 우둔살이나 얇게 썬 사태를 구입하세요 찹쌀가루 대신 밀가루도 좋아요.

양념
소금(0.2), 후춧가루(약간), 맛술(1)

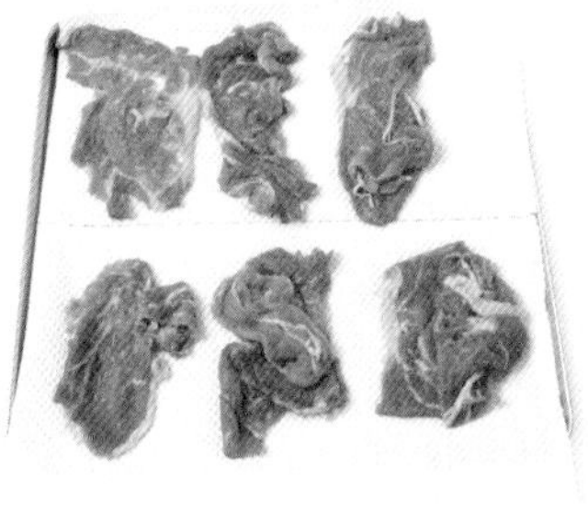

1

쇠고기는 칼끝으로 힘줄을 끊고 키친타월에 받쳐 핏물을 빼고,

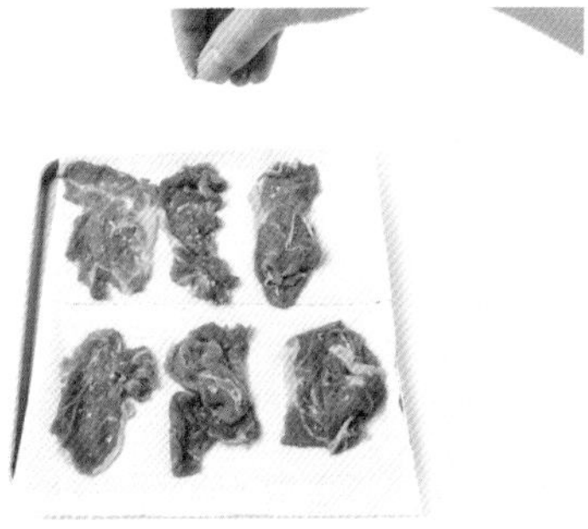

2

소금(0.1)을 고루 뿌리고,

3

달걀은 소금(0.1), 후춧가루, 맛술(1)을 넣어 곱게 푼 뒤 체에 거르고,

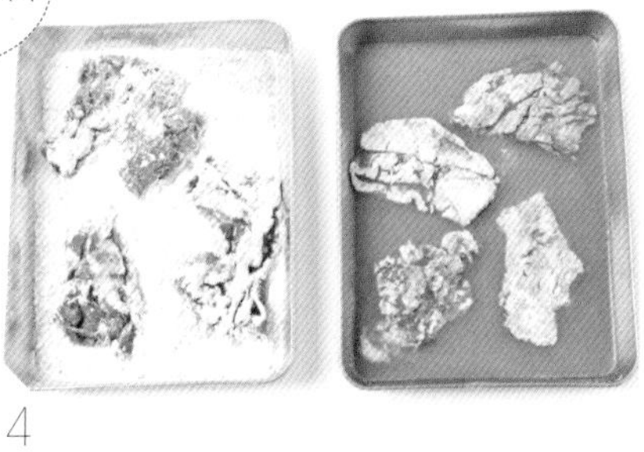

4

쇠고기에 찹쌀가루 → 달걀물 순으로 고루 묻히고,

5

중간 불로 달군 팬에 식용유(2)를 둘러 쇠고기를 올리고 앞뒤로 2분씩 구워 마무리.

식탁에 찾아온 봄! **참나물메밀전병**

영월의 별미요리와 참나물이 만났어요.
야들야들한 메밀반죽 안에 부드럽고 촉촉한 속재료가 듬뿍~
향긋한 참나물이 씹는 맛을 더하네요.
어쩜 이렇게 구수하고 담백한지!
살짝 식혀 먹어야 더 맛있답니다.

3인분

필수 재료
참나물($1\frac{1}{2}$줌),
두부(1모=290g),
김치(1컵)

반죽 재료
소금(0.1),
메밀부침가루($\frac{2}{3}$컵),
물(1컵)

양념
소금(0.3)

소 양념
간장(1), 다진 마늘(0.3),
참기름(0.5), 참깨(0.3),
후춧가루(0.1)

1

반죽 재료는 덩어리가 없도록 섞어 냉장실에서 20분 이상 숙성시키고,

2

끓는 소금물(물3컵+소금0.3)에 참나물을 1분간 데친 뒤 찬물에 헹궈 물기를 짜 송송 썰고,

3

두부는 칼의 옆면으로 으깨고, 김치는 채 썰어 각각 물기를 짜고,

4

볼에 두부, 김치, 참나물, **소 양념**을 고루 섞어 소를 만들고,

5

중간 불로 달군 팬에 식용유(2)를 둘러 키친타월로 닦아낸 뒤 반죽을 한 국자 얹어 얇게 펼치고,

6

반죽의 가장자리가 반투명해지면 소를 얹고 돌돌 말아 굴려가며 2분간 더 익힌 뒤 한입 크기로 썰어 마무리.

복잡한 과정을 확 줄인 **팬잡채**

중요한 날 빠질 수 없는 게 바로 이 잡채죠.
아무리 배가 불러도 잡채만큼은 후루룩 잘도 넘어가요.
냄비, 불 쓰지 않고 팬에 한 번에 볶아 간편하게 즐기세요.
번거로운 시금치나물 대신 부추로 깔끔하게!
당면은 삶지 않고 바로 볶아 오래도록 탱글탱글하네요.

4인분

필수 재료
당면(2줌=200g), 쇠고기(우둔 또는 채끝살 100g), 양파($\frac{1}{2}$개), 당근($\frac{1}{3}$개=80g), 표고버섯(2개), 부추(1줌=80g)

쇠고기 양념장
설탕(0.8)+간장(2)+다진 파(1)+다진 마늘(0.5)+참기름(0.3)+참깨(0.2)+후춧가루(약간)

당면 양념장
간장($\frac{1}{2}$컵)+설탕(3)+식용유(2)+물(1컵)

양념
소금(약간), 후춧가루(약간), 참기름(0.5)

1

당면은 찬물에 30분간 불리고,

2

쇠고기, 양파, 당근, 표고버섯, 부추는 5cm 길이로 곱게 채 썰고,

3

쇠고기는 **쇠고기 양념장**을 넣어 조물조물 무치고,

4

팬에 식용유(1)를 둘러 양념한 쇠고기와 버섯을 넣어 고기가 익을 때까지 중간 불로 볶고,

5

당근과 양파를 넣어 소금, 후춧가루로 간하며 볶고,

6

당면과 **당면 양념장**을 넣어 물기가 없어지고 당면이 투명해질 때까지 볶고,

7

불을 끈 뒤 부추와 참기름(0.5)을 넣고 가볍게 섞어 마무리.

푸짐하게 즐기는 일품 요리 **고추잡채**

매콤한 고추잡채를 아삭한 피망과 오이고추 더해 집에서 후루룩 만들어보세요.
꽃빵을 더하면 일품요리로도 손색없어요.
고추는 꼭 매워야 영양 성분이 많은 것이 아니에요.
피망이나 오이고추에도 영양소가 풍부해
매운 거 잘 못 먹는 사람들도 편안하게 즐길 수 있어요.

2인분

필수 재료
피망($\frac{1}{3}$개), 오이고추(3개),
채 썬 쇠고기($\frac{2}{3}$컵=100g)
Tip 오이고추 대신
풋고추(5개)를 사용해도 돼요.

선택 재료
죽순(1개)

양념장
고춧가루(0.3), 굴소스(1),
간장(0.5), 후춧가루(약간)

양념
고추기름(2), 참기름(0.3)

1

피망은 채 썰고, 오이고추는 꼭지를 떼고 길게 반 갈라 씨를 털어낸 뒤 피망 길이로 채 썰고,

2

이쑤시개나 젓가락으로 죽순 틈에 낀 석회를 제거하고 깨끗이 씻어 고추와 같은 두께로 납작하게 썰고,

3

양념장을 섞고,

4

팬에 고추기름(2)을 두른 뒤 중간 불에서 쇠고기를 볶고,

5

쇠고기가 거의 다 익으면 피망과 고추, 죽순, 양념장을 넣어 센 불에서 재빠르게 볶고,

6

참기름(0.3)을 두르고 섞어 마무리.

냄새 하나 없이 담백한 오리의 자태 **오리구절판**

닭보다 고소하고 쫄깃한 맛이 특징인 오리고기.
콜라겐과 불포화지방산이 많아 피부미용에 특히 좋고,
해독작용과 혈액을 맑게 하는 효과까지 있는데요.
뼈가 저절로 떨어질 만큼 부드럽게 삶은 오리고기와 채소까지 듬뿍 쌈무에 올려
칙칙해진 피부와 과음으로 탁해진 혈액을 씻어내세요.

4인분

필수 재료

오리(1마리), 팽이버섯(1줌), 표고버섯(3~4개), 오이($\frac{1}{2}$개), 부추($\frac{1}{2}$줌), 두 가지 색 파프리카(1개씩), 잘 익은 배추김치(2컵), 쌈무(1팩=30장)

오리 삶는 재료

대파(2대=20cm), 마늘(10쪽), 생강($\frac{1}{2}$톨), 백숙용 한방티백(1개)

양념

소금(약간), 후춧가루(약간), 참기름(0.3), 부순 참깨(약간)

오리는 2~4토막으로 등분한 것으로 구매해요. 압력솥 대신 냄비에 넣고 젓가락으로 찔렀을 때 핏물이 나오지 않을 정도로 삶아도 좋아요.

1

오리는 찬물에 씻은 뒤 압력솥에 **오리 삶는 재료**와 함께 넣고 푹 잠기도록 물을 부어 뚜껑을 덮고 센 불로 끓이다가 추가 완전히 올라가면 중간 불로 줄여 30분간 더 끓이고,

2

불을 끄고 추가 완전히 내려갈 때가지 10분간 정도 뜸을 들인 뒤 오리를 건져 한 김 식혀 살만 발라내 결대로 찢고,

표고버섯의 밑동도 얇게 썰어 함께 사용해요. 파프리카의 속씨는 제거하세요.

3

팽이버섯은 밑동을 제거하고, 표고버섯은 납작하게 썰고, 오이는 5~6cm 길이로 채 썰고, 부추와 파프리카는 오이와 비슷한 길이로 썰고,

4

배추김치는 물에 헹궈 물기를 꼭 짠 뒤 잘게 채 썰고,

쌈무에 취향에 맞게 재료를 올려 싸 먹어요. 라이스페이퍼와 뜨거운 물을 준비해 월남쌈으로 즐겨도 좋아요.

5

중간 불로 달군 팬에 식용유(1)를 둘러 표고버섯을 넣고 소금, 후춧가루로 간해 볶다가 살짝 숨이 죽으면 참기름(0.3)과 부순 참깨를 뿌려 재빨리 뒤적여 꺼내고,

6

그릇에 준비한 모든 재료를 차례로 돌려 담고 오리고기를 소복하게 담아 마무리.

Index

조리별 INDEX